输电线路状态检修

主　编　黄启震
副主编　丁叶强　徐　阳　吴　健

ZHEJIANG UNIVERSITY PRESS
浙江大学出版社

图书在版编目（CIP）数据

输电线路状态检修 / 黄启震主编. —杭州：浙江
大学出版社，2021.4
ISBN 978-7-308-21209-0

Ⅰ. ①输… Ⅱ. ①黄… Ⅲ. ①输电线路－检修 Ⅳ.
①TM726

中国版本图书馆 CIP 数据核字（2021）第 055332 号

输电线路状态检修

主　　编　黄启震
副主编　丁叶强　徐　阳　吴　健

责任编辑　杜希武
责任校对　董雯兰
封面设计　刘依群
出版发行　浙江大学出版社
　　　　　（杭州市天目山路 148 号　邮政编码 310007）
　　　　　（网址：http://www.zjupress.com）
排　　版　杭州好友排版工作室
印　　刷　杭州高腾印务有限公司
开　　本　880mm×1230mm　1/32
印　　张　5.125
字　　数　133 千
版 印 次　2021 年 4 月第 1 版　2021 年 4 月第 1 次印刷
书　　号　ISBN 978-7-308-21209-0
定　　价　49.00 元

前　　言

随着市场经济的不断发展,我国电力企业也在不断地发展完善,在新的形势下,电力企业必然会面临巨大的挑战。电力企业为在竞争中占据优势,须对不适应现代化发展的设备、技术进行改进,并采用新的输电线路运行检修模式,以降低企业成本,提高企业效益。如何采用新的输电线路运行检修模式已经成为电力企业关注的重点。

传统的输电线路检修以时间为基础进行周期性检修。这种检修模式技术水平比较低,缺乏科学性,在一定程度上甚至会出现盲目性。这种输电线路运行检修方式与新时期供电企业的发展要求是不相符的。输电线路设备状态检修就是根据设备状态及安全风险,决定何时开展设备检修、如何开展设备检修。对比传统的定期检修,状态检修更有针对性,实现"应修必修、修必修好",更好地满足电网安全可靠性以及经济性要求。

本书是针对输电线路运维新进员工以及初学者的一本入门教材,帮助其快速掌握输电线路状态检修的基本理念、工作流程和管理规范要求。书中所引用标准可能随时更新修改,所以仅供参考。

目　　录

第一章 输电线路状态检修基础知识

第一节 开展输电线路状态检修的意义

随着电力工业的发展,电力系统的检修模式也在逐渐发生变化,目前主要的检修模式有以下几种(见图 1-1)。

定期检修	状态检修	基于可靠性的检修	事后检修
定期检修是每隔一个固定的时间间隔或累积了一定的操作次数后安排一次定期的检修计划	状态检修是企业以安全、环境、成本为基础,通过设备状态评价、风险评估、检修决策等手段开展的设备检修工作,达到设备运行安全可靠、检修成本合理的一种检修策略	比状态检修更为复杂的一种检修模式,除考虑线路的状态外,还应考虑线路的风险、检修成本等	也称故障检修;使用至损坏

图 1-1 输电线路检修的 4 种模式

定期检修(TBM,Time Based Maintenance)。定期检修是每隔一个固定的时间间隔或累积了一定的操作次数后安排一次定期的检修计划。当线路数量较少且质量水平较一致时,这种检修模式能起到较好的效果。随着电网规模的扩大,线路越来越多,如果继续定期地安排检修计划,人力和物力的不足就逐渐体现出来。而当线路制造设计水平和运行环境的差异较大时,也可能造成线路本身的故障发生概率不尽相同。如果仍然按照固定周期对线路进行固定规模的维护和检修,对某些线路不可避免地产生"过剩维修",造成人力和物力的浪费,而对某些线路则可能造成失修,因为有些早期的故障隐患往往可以通过提早的安排检修消除,避免故障的发生。传统线路巡视与检修存在的弊端如图 1-2 所示。

"过"巡视
不考虑设备状况、地理、气候条件、通道状况。安排每月一次巡视,浪费人力、物力资源

"欠"巡视
每月安排一次对线路危险点、特殊区域、易被外力破坏区等又明显巡视、检查不足

不必要停电多
造成设备不必要停电,部分设备属过度检修

停电时间长
造成设备停电时间过长,属低效检修

停电次数多
造成线路多次停电消缺,属低质量检修

人员配置不足
线路规模不断增长与人员不足的矛盾突出

图 1-2　传统线路巡视与检修存在的弊端

状态检修(CBM,Condition Based Maintenance)。状态检修是通过评价线路的状态,合理地制订检修计划。状态检修的实施需要定期检查设备的状态,通过巡视、检查、试验等手段,

或者在有条件的时候通过在线监测、带电检测等获取一定数量的状态量的实际情况，根据这些状态量决定如何安排检修计划，以达到最高的效率和最大的可靠性。

基于可靠性的检修（RCM，Reliability Based Maintenance）。这是比状态检修更为复杂的一种检修模式，除考虑线路的状态外，还应考虑线路的风险、检修成本等。状态检查主要考虑单个线路的情况，基于可靠性的检修则考虑整个电网的情况，如线路在电网中的重要性、设备故障后的损失和检修费用的比较、线路可能故障对人员安全或环境的影响等因素。

事后检修（BM，Break Maintenance）。也称故障检修，使用至损坏等。

改变输电线路单纯的以时间周期为依据的设备检修制度，实现状态检修，可以减少检修的盲目性，降低线路运行维护费用，提高资金利用率，提高输电线路运行可靠性，同时大幅减轻员工劳动强度并促进运行维护人员不断更新知识与技能。

输电线路分布地方直接受到风、霜、雨、雪、雾、冰、雷等自然因素的影响，同时还受到洪水、滑坡等自然灾害的侵害，除此之外工农业污染也直接威胁着输电线路的安全运行。由此可见，输电线路的运行环境相当恶劣，运行状态也复杂多变。因此,必须掌握输电线路的运行状态,建立一个全方位的多系统组成的完整的状态监测系统。

输电线路实行状态检修是电网迅速发展的需要,是供电企业实现现代化、科学化、精益化管理的要求,是新技术、新装置应用及快速发展的必然。状态检修可以避免目前定期检修中的一些盲目性,实现提质增效,进一步提高供电企业社会效益和经济效益。

总之,社会发展的需要、电力行业本身的发展需求和传统计划检修模式存在的弊端推动电力企业不断开展状态检修的探索与实践(见图 1-3)。

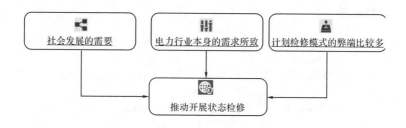

图 1-3　推行输电线路状态检修的原因

第二节　状态检修相关名词解释

1. 线路巡视

为掌握线路的运行状况，及时发现线路本体、附属设施以及线路保护区出现的缺陷或隐患，并为线路检修、维护及状态评价（评估）等提供依据，近距离对线路进行观测、检查、记录的工作。

2. 线路检修

线路检修是指根据线路巡视、检查及测量等工作中发现的问题，所进行的消除设备缺陷、提高设备健康水平、保证电网安全可靠供电、事故预防等工作。检修的方式可分为停电检修和带电检修。

3. 线路检测

线路检测是指线路运行维护人员对线路设备、通道状况用仪器测量方法按预先确定的采样周期进行的有关数据的测量等工作。

4. 状态巡视

状态巡视是线路巡视的一种科学方式，是根据架空输电线路的实际状况和运行经验动态确定线路(段、点)巡视周期的巡视。线路实际状况包括线路设计条件、运行年限、设备健康状况、通道情况、地质、地貌、环境、气候、设备存在的危险点等。按线路(设备、通道)状态巡视,可以使巡视过程中做到有的放矢,真正做到"该巡必巡,巡必巡好"。

5．状态检修

对巡视、检测发现的状态量超过状态控制值的部位或区段进行维护或修理的过程。可根据实际情况采取带电或停电方式进行。线路状态检修可结合线路的大修、技术改造和日常维修进行。

6．状态监测

线路状态监测是指线路运行维护人员对线路设备、通道状况用仪器测量方法按预先确定的采样周期进行的状态量采样过程。

定期检修、巡视和状态检修、巡视的区别对比如表 1-1:

表 1-1

定期检修、巡视	状态检修、巡视
计划针对所有设备、线路区段	计划针对单个设备、部分区段（危险点）
强调周期、到期就试（测）修、巡	强调状态（危险点）超过规定条件才测修、巡
没有设备状态分级评价体系	突出设备状态分级评价体系
从所有设备中筛选有问题的设备	从状态待定设备中筛选有问题的设备
无的放矢、人员设备多、停电时间长	针对性强、人员设备恰当、停电时间短

7. 状态评价

输电线路状态评价是按条计列，但线路设备有杆塔与基础、导地线、绝缘子、金具、接地装置、附属设施和线路通道 8 个单元，每个单元项有数量众多的构件，因此评价先按单元状态评价，由单元、部件、评价内容、状态量、量测、评分标准构成，评价内容是部件的具体评价范畴。状态量是反映评价内容中设备状况的各种技术指标、性能和运行情况等参数的总称，量测是状态量的具体数值或定性值，评分标准是按单元的重要性来附以不同权重，它通过量测来判断状态的扣分依据，按是否需要停电来施行采取何种检修方式。

8. 状态量

反映架空输电线路或设备状态的技术指标、性能参数、试验数据、运行状态以及通道情况等参数的总称。状态量可分为正常状态、注意状态、异常状态和严重状态。

9. 线路单元

根据线路的结构和特点,将线路上功能和作用相对独立的同类设备总称为线路单元,将线路分为基础、杆塔、导地线、绝缘子串、金具、接地装置、附属设施和通道环境等八个线路单元。

10. 正常状态

表示线路各状态量处于稳定且在规程规定的警示值、注意值(以下简称标准限值)以内,可以正常运行。

11. 注意状态

表示线路有部分状态量变化趋势朝接近标准限值方向发展,但未超过标准限值,仍可以继续运行,应加强运行中的监视。

12. 异常状态

表示线路已经有部分重要状态量接近或略微超过标准值,应监视运行,并适时安排检修。

13. 严重状态

线路已经有部分严重超过标准值线路,需要尽快安排停电检修。

14. 一般状态量

对线路的性能和安全运行影响相对较小的状态量。

15. 重要状态量

线路已经有部分严重超过标准值线路,需要尽快安排停电检修。

第二章 输电线路状态检修项目分类

第一节 输电线路检修分类

按工作性质内容与工作涉及范围,线路检修工作分为五类:A类检修、B类检修、C类检修、D类检修、E类检修。其中A、B、C类是停电检修,D、E类是不停电检修。

- A类检修

A类检修是指对线路主要单元(如杆塔和导地线等)进行大量的整体性更换、改造等。

- B类检修

B类检修是指对线路主要单元进行少量的整体性更换及加装,线路其他单元的批量更换及加装。

- C类检修

C类检修是综合性检修及试验。

· D类检修

D类检修是指在地电位上进行的不停电检查、检测、维护或更换。

· E类检修

E类检修是指等电位带电检修、维护或更换。

实践中,凡需要检修人员涉及输电线路更换的检修工作,一般应确定为A类检修,根据评价结果进行缺陷处理,处理时无须涉及更换的检修工作为B类检修,例行的设备维护工作为C类检修。不停电进行的设备部件更换、检查等检修工作,一般定为D类或者E类检修。

第二节　输电线路检修项目

根据常规对设备检修项目进行分类,实际执行中,每个单位应根据本单位检修工作实际情况,对照分类原则确定检修类别。如是否带电进行部件更换工作等,每个单位的习惯做法可能不同,在确定检修类别时,应根据本单位情况,在确保安全和检修质量的前提下,选择恰当的检修方式。

1. 架空输电线路的检修分类及检修项目

检修分类	检修项目
A 类检修	A.1 杆塔更换、移位、升高(五基以上)
	A.2 导线、地线、OPGW 更换(一个耐张段以上)
B 类检修	B.1 主要部件更换及加装
	B.1.1 导线、地线、OPGW
	B.1.2 杆塔
	B.2 其他部件批量更换及加装
	B.2.1 横担或主材
	B.2.2 绝缘子
	B.2.3 避雷器
	B.2.4 金具
	B.2.5 其他
	B.3 主要部件处理
	B.3.1 修复及加固基础
	B.3.2 扶正及加固杆塔
	B.3.3 修复导地线
	B.3.4 调整导线、地线弛度
	B.4 其他

检修分类	检 修 项 目
C类检修	C.1 绝缘子表面清扫 C.2 线路避雷器检查及试验 C.3 金具紧固检查 C.4 导地线走线检查 C.5 其他
D类检修	D.1 修复基础护坡及防洪、防碰撞设施 D.2 铁塔防腐处理 D.3 钢筋混凝土杆塔裂纹修复 D.4 更换杆塔拉线（拉棒） D.5 更换杆塔斜材 D.6 拆除杆塔鸟巢 D.7 更换接地装置 D.8 安装或修补附属设施 D.9 通道清障（交叉跨越、树竹砍伐等） D.10 绝缘子带电测零 D.11 接地电阻测量 D.12 红外测温 D.13 其他

续表

检修分类	检修项目
E类检修	E.1 带电更换绝缘子
	E.2 带电更换金具
	E.3 带电修补导线
	E.4 带电处理线夹发热
	E.5 其他

2. 电力电缆输电线路的检修分类及检修项目

检修分类	检修项目
A类检修	A.1 电缆更换
	A.2 电缆附件更换
B类检修	B.1 主要部件更换及加装
	B.1.1 更换少量电缆
	B.1.2 更换部分电缆附件
	B.2 其他部件批量更换及加装
	B.2.1 交叉互联箱更换
	B.2.2 更换回流线
	B.3 主要部件处理
	B.3.1 更换或修复电缆线路附属设备
	B.3.2 修复电缆线路附属设施
	B.4 诊断性试验
	B.5 交直流耐压试验

检修分类	检 修 项 目
C 类检修	C.1 绝缘子表面清扫 C.2 电缆主绝缘电阻测量 C.3 电缆线路过电压保护器检查及试验 C.4 金具紧固检查 C.5 护套及内衬层绝缘电阻测量 C.6 其他
D 类检修	D.1 修复基础、护坡、防洪、防碰撞设施 D.2 带电处理线夹发热 D.3 更换接地装置 D.4 安装或修补附属设施 D.5 回流线修补 D.6 电缆附属设施接地联通性测量 D.7 红外测温 D.8 环流测量 D.9 在线或带电测量 D.10 其他不需要停电试验项目

第三节 输电线路状态检修关键项目

1. 绝缘子状态检测

绝缘子状态检测主要包括以下几个项目(见图 2-1)。

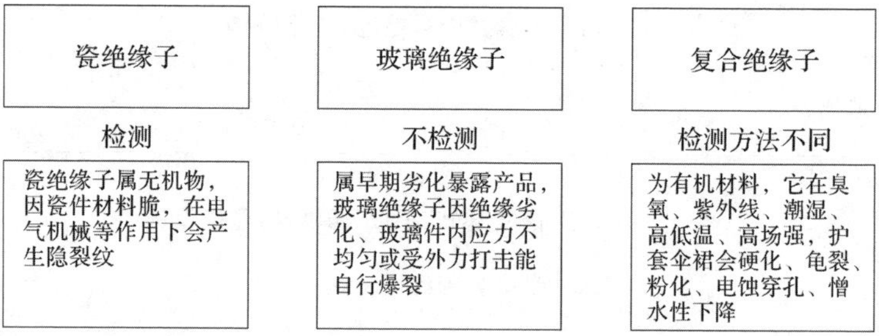

瓷绝缘子	玻璃绝缘子	复合绝缘子
检测	不检测	检测方法不同
瓷绝缘子属无机物,因瓷件材料脆,在电气机械等作用下会产生隐裂纹	属早期劣化暴露产品,玻璃绝缘子因绝缘劣化、玻璃件内应力不均匀或受外力打击能自行爆裂	为有机材料,它在臭氧、紫外线、潮湿、高低温、高场强、护套裙伞裙会硬化、龟裂、粉化、电蚀穿孔、憎水性下降

图 2-1

• 瓷质绝缘子绝缘性能(绝缘子零低值)。

• 绝缘子附盐密度:盐密监测点测量累积运行现场污秽度。

• 复合绝缘子憎水性丧失及机械强度下降检测:主要是对运行若干年的复合绝缘子硅橡胶伞裙憎水性是否丧失进行检测,其次是对运行 8~10 年的复合绝缘子每个批次抽 3 支送试验室进行耐污水平和机械强度的试验。

1.1 瓷质绝缘子状态检测

检测周期:在检测之后,可按照"年平均劣化率<0.005 时每 6 年检测 1 次;>0.005~0.01 时每 4 年检测 1 次;>0.01 时每 2 年检测 1 次"周期进行检测。

检测方法:电压分布检测法、绝缘电阻检测法、火花间隙短接放电法。

· 电压分布检测法

分布规律:盘形绝缘子每片含有一定电容值 CI(瓷 60pF,玻璃 100pF),电容越大,电位分布越均匀,导线侧第一片承受的电压最大(最高),串中间最低,横担侧再增大(次高)电压值大小顺序为 U 导>U 横>U 中,呈斜形不对称的"马蹄形",串中最低片的分布电压值约为导线侧的 1/4~1/6。(见表 2-1)

表2-1　35～220kV交流送电线路绝缘子串的分布电压标准值

自导线测数	绝缘子串分布电压值 U_i（kV）								
	35kV线路/串			110kV线路/串		220kV线路/串			
	2片串	3片串	4片串	6片串	7片串	8片串	12片串	13片串	14片串
1	10.0	9.0	8.0	19.0	18.5	17.0	18.0	22.5	31.0
2	10.0	5.0	4.8	11.0	10.0	10.0	16.0	18.2	16.0
3		6.0	3.5	9.0	8.5	8.0	15.0	12.2	12.0
4			4.0	8.0	7.0	6.5	13.0	12.0	9.0
5				7.0	5.0	4.0	11.0	9.0	7.0
6				10.0	6.0	5.0	10.0	7.5	6.5
7					9.0	5.0	9.0	7.1	6.0
8						8.0	8.0	6.9	5.0
9							7.0	6.0	5.0
10							7.0	6.0	5.0
11							7.0	6.0	5.0
12							6.0	6.5	6.5
13								7.5	6.0
14									8.0
总计	20.0	20.0	20.3	64.0	64.0	63.5	127.0	127.4	128.0

注:35～110kV分布电压标准值来自Ⅲ/T 626-1997表A1,220kV分布电压标准值来自西北电管后邓治武,马学武等主编的《送电线路实用技术手册》(1994年版)。

测试方式:采用分布电压检测仪带电检测瓷绝缘子低零值是一种有效正确反映有否劣化的手段。缺点是检测工作需2人进行。一人手持绝缘操作杆逐片检测,即将两探针短接绝缘子的钢帽、钢脚后,检测仪器语音报出该测量片绝缘子的分布电压值,另一人记录该串总片数和每片的分布电压值,与绝缘子串标准电压分布值核对。

判断方法:若被测绝缘子的电压分布电压值低于标准电压值的 50%,则判定为劣化绝缘子;被测绝缘子的电压分布电压值高于标准电压值的 50%但明显低于相邻两侧合格的电压值,则判定为劣化绝缘子。瓷劣化绝缘子应及时更换,以防故障时劣化绝缘子发生钢帽炸裂掉串事故。

• 绝缘电阻检测法(方法一)

停电使用绝缘电阻表摇测法:新建线路架线前,施工单位有采用工频耐压试验或采用 5000V 兆欧表停电摇测每一只瓷质绝缘子,其绝缘电阻值大于 500MΩ 为合格(500kV 线路),500kV 线路以下线路绝缘电阻大于 300MΩ。

• 绝缘电阻检测法(方法二)

带电绝缘电阻表摇测法:原理与测量分布电压法雷同,也靠两根探针短接绝缘子的钢帽、钢脚后,绝缘电阻检测仪表上显示出该片绝缘子的绝缘电阻值。需要 2 人检测,一人手持绝缘操作杆逐片检测,一人记录该串总片数和每片的绝缘电阻值。检测结果根据运行线路 500kV 盘型悬式绝缘子绝缘电阻低于 500MΩ 时应判为劣化绝缘子;330kV 及以下盘型悬式绝缘子绝缘电阻低于 300MΩ 时应判为劣化绝缘子,并及时更换处理。

· 火花间隙短接放电法

火花间隙短接放电法是一人手持绝缘操作杆逐片检测,将两探针短接被测量绝缘子的钢脚、钢帽,听间隙空气击穿放电声音较响时,判定该片绝缘子良好,放电声轻或无放电声时,判定该片绝缘子为低值或零低值。

不同电压等级的线路采用不同的火花检测距离(见图 2-2),为保证瓷绝缘子串中的分布电压最低一片在检测时能听到空气击穿放电声,其放电间隙一般按绝缘子串中的最低分布电压值的 50%(约 3~4kV)试验得出其间隙距离。

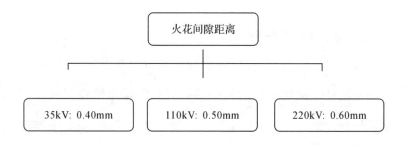

图 2-2　火花间隙距离要求

• 绝缘子钢脚锈蚀程度检测

水泥界面处的锌层有腐蚀现象可以继续运行;锌层损失,钢脚颈部开始腐蚀需要在有停电机会时更换;钢脚腐蚀进展很快,颈部出现腐蚀物沉积需要立即更换。

1.2　复合绝缘子状态检测

每 2～3 年登杆检查硅橡胶伞套表面有否蚀损、漏电起痕、树枝状放电或电弧烧伤痕迹,是否出现硬化、脆化、粉化、开裂等现象,伞裙有否变形,伞裙之间粘接部位有否脱胶等现象,端部金具连接部位有否明显的滑移,检查密封有否破坏,钢脚或钢帽锈蚀,钢脚弯曲,电弧烧损,锁紧销缺少。

性能检测周期 3～5 年一次,检测憎水性和机械性能。

投运 8～10 年内的每批次绝缘子应随机抽样 3 只试品进行机械拉伸破坏负荷试验。

• 复合绝缘子憎水性检测

一般采用喷水分级法。喷水装置的喷嘴距试品 25cm,每秒喷水 1 次,每次喷水量为 0.7～1mL,共喷射 25 次,喷射角为 50°～70°,喷水后表面应有水分流下。喷射方向尽量垂直于试品表面。

• 绝缘子盐灰密检测

绝缘子自然污秽的现场污秽度主要通过测量线路现场的参照绝缘子(指普通盘型悬式绝缘子)表面的等值盐密和灰密来确定,需要时应对污秽物的化学成分进行分析。测量分析的目的是为确定绝缘子的配置。

附盐密测量应采用数字式电导仪,测量仪器及电极应每年定期校核,专人保管。

测量工具:烧杯、毛刷、卡口托盘、脸盆和工作员工的手等应在每次测量前清洗干净。

测量前应准备好足够的纯净水,清洗绝缘子用水量为 $0.2mL/cm^2$,具体用水量按绝缘子表面积正比例换算,但不应小于 100mL(一般水量为 300mL,普通绝缘子面积 1500cm²;防污 2000cm² 水量 400mL;大吨位 3000cm²,水量 600mL)。

清洗范围:除钢脚及不易清扫的最里面一圈瓷裙以外全部瓷表面。

2. 输电线路红外测温应用

红外测温属遥感诊断技术,系安全、准确、高效地无线检测,热量或热辐射是红外线的主要来源。任何物体的温度高于绝对零度(−273.16K)都会发出红外线。比如冰块也会辐射红外线,当被测物体温度高时,其红外辐射也强,测量转换成电信号也强,成像图更明亮。

不同的材料、不同的温度、不同的表面光度、不同的颜色等,所发出的红外辐射强度都不同。物体的温度越高它发射红外射线就越强。

针对压接管、跳线引流板、并沟线夹,跳线接点属电流致热型设备,当引流板施工未清理杂质、导电脂未涂、光面、毛面搭接和螺栓紧固未按相应规格螺栓扭矩值紧固等,在运行中会因接触电阻增大等原因引起连接点过热甚至熔断,造成断线事故。采取测温工作,以使跳线连接点发热隐患能及时发现和处理。

2.1　常用红外检测仪器

红外点射枪:依靠红外线点射进行测量,高空无法对准且观察不到。

红外电视仪:利用扫描仪检测设备发热温度,系即时扫描测量,无发热设备对比且只能个人判定温度。

红外热成像仪:扫描仪将设备发热情况存储在仪器中,离线后观察分析。

2.2　影响红外测温的因素

红外诊断目前有 5 种判断法:表面温度、相对温度、同类比较、热图像特征和历史分析判断法。

物体表面的发射率取决材料性质和表面状态（表面氧化物、涂层材料、粗糙程度和污秽程度等）。因此必须要知道被测设备的表面发射率，测量才准确。

高空导线节点的发射热量需经过大气传输到红外测温仪器上，导线热红外发射率会受到大气中水汽、二氧化碳、一氧化碳等气体分子吸收衰减，也会受到空气中悬浮微粒的散射衰减，而且衰减会随着检测距离的增加而增大。

热成像仪将同类设备放在一幅图像中，调节增益至临界点，异常亮点温度更高，属同类比较判断法。

由于表面温度、相对温度、同类比较和历史分析均采用红外测温方式，而气象条件和大气环境又对测温影响较大，特别是输电线路，检测距离远，所以输电线路应以热红外成像仪为好。

因此，红外测温应在大气干燥、洁净、无雨、雾、风和环境温度较稳定的夜晚进行检测（标准要求）。

阴天检测仪器在地面对着导线节点，接收的热辐射量中包含着背景辐射，即云层后的太阳仍会改变红外仪器检测导线温度的准确性。

2.3　红外检测注意事项

环境温度一般不宜低于 5℃、空气湿度一般不大于 85％，不应在有雷、雨、雾、雪环境下进行检测，风速超过 0.5m/s 情况下检测需按有关换算系数换算成实际发热温度。

红外热像仪应图像清晰、稳定，具有较高的温度分辨率和测量精确度，空间分辨率满足实测距离的要求。例 DL/T 664《带电设备红外诊断应用规范》附录 F 要求的红外测温应采用长焦镜头不大于 0.7mrd（毫弧度）的规定，则针对 LGJ－400/35 压接管其有效检测距离约为 64m，若采用常规镜头则有效检测距离只为 40m 以内。

3．接地电阻测量

由于防雷设备的接地装置长期受土壤的侵蚀，使接地电阻值增大或损坏，因此，当线路在投运前或运行中，应对接地电阻进行测量。

测量所需的工器具：接地电阻测试仪、绝缘手套、活动扳手、记录本等。

杆塔接地环网的测量：先将另一端的接地引线断开，断开或恢复时必须戴绝缘手套。

拆卸和恢复接地引下线时应戴绝缘手套，防止感应电伤人;测量时应保持各接线端子、电极和接地装置等电气连接接触良好。

测量过程中电阻表转速应均匀,测量过程中禁止有人接触探针、接线端子及连接线;如有雷云在杆塔附近上方活动时,应立即停止测量工作,并恢复杆塔接地连接,撤离现场。

测量后发现实测值与以往测试值偏差较大时应查明原因,必要时进行开挖检查,测试周期按省公司要求进行。

所测接地电阻值应根据土壤干燥及潮湿情况乘以季节系数后才是最终接地电阻值。

按标准化作业要求编写测试现场作业工序、工艺质量记录卡并建立杆塔接地装置及接地电阻测试专档。

4. 在线监测

在线监测是指直接安装在设备本体上实时可记录表征设备运行状态特征量的测量系统及技术。

输电线路在线监测系统是利用太阳能电池供电,通过无线公网 3G/GPRS/EDGE/CDMA1X 通信传输方式,对输电线路的远程视频、微气象、杆塔倾斜、防盗报警、覆冰等线路情况进行监测并上传至监控中心,在监控中心不仅能看到现场图像,还可以通过各项监测采集的数据实时分析、诊断和预测线路运行状态，采取适当的措施以消除、减轻险情，保证输电线路的安全、稳定运行。

输电线路在线监测系统由两部分组成，分别是数据采集前端（太阳能供电系统、数据采集系统、通信系统等）和后端分析处理系统组成。采集前端是一台高性能的数据采集主机，其主供电源为太阳能板，有些地域还可以根据实际情况加装风力发电机，可以全天候作业。通过预先设定的程序定时对周围的各种数据，比如温度、湿度、风向等进行分析收集，视频探头可以不间断对周围环境进行实时监测，前台系统对所收集数据进行处理后，通过无线、（GSM/GPRS/CDMA）传输方式可以及时传输至后台控制中心。后端分析处理系统可以对所收集的相关数据进行分析，根据分析结果有针对性地对相关杆塔采取防范措施，降低线路事故的发生。

第三章 输电线路状态巡视与在线监测

第一节 输电线路状态巡视

《架空送电线路运行规程》要求线路正常巡视为每月一次，巡视检查内容为杆塔本体、线路通道和保护区内树竹木、交叉跨越等。这种不论设备状况、地埋条件、通道状况等而千篇一律的巡视方式，一方面造成大部分线路或区段"过"巡视、维护，浪费人力、物力资源；另一方面，对线路危险点、特殊区域、易被外力破坏区等又明显表现出巡视检查不足，从而威胁线路的安全运行。按目前各供电公司运行、检修人员配备情况，即使巡视、检修人员全员出差在外巡视，仍难以按规程要求完成线路巡视工作。另外，由于线路通道内状况变动频繁，线路设备检修内容、要求的繁重和线路停电时间等相互矛盾，往往造成输电线路巡视、维护质量参差不齐,管理部门也无法全面掌握设备的真实运行状况。

状态巡视是线路巡视的一种科学方式,是根据架空输电线路的实际状况和运行经验动态确定线路(段、点)巡视周期的巡视。线路实际状况包括线路设计条件、运行年限、设备健康状况、通道情况、地质、地貌、环境、气候、设备存在的危险点等。按线路(设备、通道)状态巡视,可以使巡视过程中做到有的放矢,真正做到"该巡必巡,巡必巡好"。

1. 相关术语和定义

(1)保护区:

根据电力设施保护有关规定,按电压等级不同而划分的两边导线向外延伸的所规定距离。

(2)易建房区:

指市区、城郊、各种开发区、农村集镇等易建房地区。

(3)重冰区:

根据线路设计规程、运行经验,导线覆冰厚度在 10mm 以上,以及海拔 650m 雪线以上地区。

(4)多雷区:

泛指雷电活动强烈(雷暴日在 60 日及以上),而又经常遭受雷害,以及线路路径经过雷电活动走廊的地区。

(5)滑坡沉陷区:

主要指杆塔基础稳定性较差而又易发地质灾害的地区。

(6)鸟害区:

泛指鸟类活动较为频繁易受鸟害的地区。

(7)严重污染区:

指线路附近有重污染源且污秽等级在Ⅲ级以上的地区。

(8)洪水冲刷区:

处于山坡上可能受到水土流失、山体滑坡、泥石流冲击危害的杆塔与基础;临近溪、河边缘杆塔,在洪水时易发生防洪坝坍塌,危及输电线路杆塔与基础稳定。

(9)易受外力破坏区:

影响保护区内输电线路安全运行的情况,主要来自于人为和环境变化产生的外部隐患区域。

(10)巡视:

对线路设备、通道状况用观察或扫视方法所进行的活动。

(11)三熟:

熟悉自己所维护的线路基本情况;熟悉线路上各种装置的运行标准和运行范围、结线情况;熟悉有关线路运行维护规程、安全规程及技术管理制度,本线路设计特点及一般的原理和技术要求。

(12)三能:

能看懂线路设计图纸,并记住有关杆型的主要尺寸;能分析、判断线路上常见的故障,提出防止事故的对策,并能组织一般线路事故的抢修工作;能进行线路的检修操作,能使用常用的测量仪表;能根据季节变化特点,有目的、有重点地做好季节性巡视工作。

2. 状态巡视基本原则

开展状态巡视应贯彻"安全第一,预防为主"的方针,运用各种诊断、检测技术并结合运行经验,定期分析设备状态,科学确定巡视周期和内容,做到"应巡必巡,巡必巡好"。

开展状态巡视必须建立和完善巡视到位监督机制和巡视质量保证措施,逐步实现线路巡视的现代化管理。

线路工区应根据本规定要求,每年上报状态巡视线路名称及各区域巡视周期汇总表,由公司专业部门审查后,报分管领导或总工程师批准,由专业部门发文予以公布后实施。

3. 管理要求

(1)每条线路都要有明确的维护界限;线路工区应与发电

厂、变电所或相邻的维护部门签订协议书,跨地区(市)线路的运行分界点协议应报省电力公司备案;已明确维护界限的线路不应出现线路维护空白点。

(2)应根据线路沿线地形、地貌、环境、气象条件等特点,结合运行经验,对状态巡视线路逐步摸清和划定以下区域:易建房区、鸟害区、多雷区、洪水冲刷区、重冰区、滑坡沉陷区、严重污染区、易受外力破坏区等,并将其纳入危险点及预控措施管理体系中。

(3)线路状态巡线人员对巡视工作要有高度的责任心,对自己管辖设备认真负责,并做到"三熟"和"三能"。

(4)运行班组应经常性地开展电力设施保护条例等法律、法规宣传活动,提高群众保护电力设施的意识。

(5)建立和完善群众护线网络,组织群众护线员队伍进行护线,分批分期对护线员进行培训和教育,提高护线员的技术水平,在线路沿线就近每5～15km聘请群众护线员一名(线路相对集中区域每个乡镇设群众护线员一名),巡线人员每巡视周期走访护线员一次,保持信息渠道畅通,及时发现设备和通道的隐患和缺陷等。

4．状态区段划分

状态区段定性划分，为运行班组科学地确定线路的巡视周期。准确划分线路的状态区段，是状态巡视工作的核心。

为了便于对设备的状态进行不同层次的归纳，应将设备按有无缺陷或缺陷对安全运行影响的大小将设备状态评估结果分成三种类别：Ⅰ类——可靠状态、Ⅱ类——正常状态、Ⅲ类——可靠性下降状态。

· Ⅰ类——可靠状态

(1)线路区段停电和带电检测数据正常、运行情况正常。

(2)线路区段设备资料、试验数据齐全。

· Ⅱ类——正常状态

(1)线路区段不存在可能引发线路跳闸的一般缺陷、特殊天气、通道变化等因素。

(2)线路区段无外力破坏迹象。

线路不能满足可靠状态区段标准，同时未处在可靠性下降状态区段，划分为正常状态区段。

· Ⅲ类——可靠性下降状态

(1)线路区段存在可能引发线路跳闸的一般缺陷、特殊天气、通道变化等因素。（见表3-1）

表 3-1

环境		线路通道	设备本体	气候因素
一	人口稀少、交通困难区域	1. 在线路防护区内无高大建筑或构筑物、厂区、民房 2. 在线路下方无大型机械进行施工,在保护区范围内无挖砂取土、勘探、钻井、农田水利等作业 3. 在线路附近(300m 区域内)无爆破采矿或施工爆破 4. 杆塔基础附近无堆放垃圾、倾倒化学物品或其他腐蚀性物品	1. 1 年内未发生Ⅰ、Ⅱ障碍;危急、严重缺陷消缺率达到 100%,一般缺陷消缺率达到 85%以上 2. 设备防盗设施、警示牌齐全 3. 1 年内未发生外力破坏和偷盗现象 4. 采取防污措施(喷涂 PRTV、复合、防污绝缘子等) 5. 检测数据正常,符合标准	所处区域气象条件均满足设计值
二	线路区域处在 D 级及以下污秽区			

(2)线路区段存在易发生外力破坏因素。

(3)正常检测数据值有超标趋势或超标现象。(见表 3-2)

表 3-2

	环境	线路通道	设备本体	气候因素
一	易受外力破坏、盗窃多发区	1. 在线路防护区内有大型施工、挖砂取土、勘探、钻井、农田水利等作业 2. 在线路附近（50m 区域内）有爆破采矿或施工爆破 3. 线路周边人口密集 4. 在线路保护区范围内有生长过快危及线路正常运行的树木（未消除前）	1. 1 年内发生过 Ⅰ、Ⅱ 障碍；一般缺陷消缺率达不到 50% 2. 1 年内发生 1 次以上外力破坏事件 3. 1 年内发生 1 次以上偷盗现象 4. 检测数据值超标或有超标趋势	
二	树木生长区			

5. 周期确定

35～220kV 架空输电线路状态运行巡视周期（见表 3-3）。

表 3-3　输电线路状态巡视周期

序号	状态类别	周期（天）	备注
1	可靠状态	60～90	
2	正常状态	40～50	
3	可靠性下降状态	密切关注	加强针对性巡视

进行状态巡视工作中，同时应按照季节特点进行巡视（见表 3-4）。

表 3-4　输电线路季节性巡视表

季节特点	时间段	巡视周期（天）	巡视区段
强风	3～4 月	15～30	大跨越区段
鸟类繁殖	3～6 月	15～30	鸟害区
树木生长	3～9 月	15～30	树害区
汛期、雨季	4～10 月	15～30	洪水冲刷区 滑坡沉陷区
雷电	7～9 月	15～30	多雷区
冰雪	11～2 月	15～30	重冰区

6. 状态巡视工作流程

输电线路状态巡视的核心工作内容包括计划措施的落实、巡视质量管控、工作人员责任心、巡视到位，具体工作流程如图 3-1 所示。

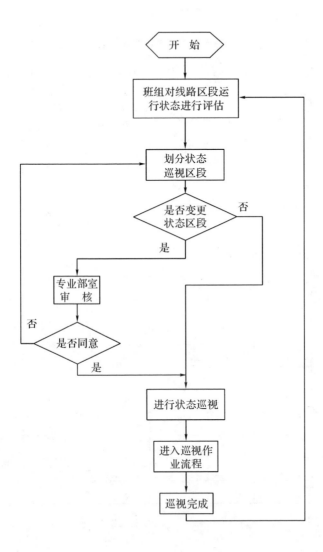

图 3-1 状态巡视工作流程

7. 状态巡视基础资料

输电线路状态巡视评价表

线路名称：   电压等级（ kV)：   评价时间： 年 月 日

序号	责任区段	责任人	状态评价	评价结果 状态类型	巡视周期 （天）	备注

编制：   审核：   批准：

输电线路状态巡视段划分月度申报表

巡视班组：　　　　　　　　　　　年　　月　　日

线路名称	电压等级	责任段	长度	状态类型	巡视周期	备注

状态巡视个人责任段周期分配表

序号	季度	巡视月份	责任区段巡视次数					备注
1	第一季度	一月份	次					
2		二月份	次					
3		三月份	次					
4	第二季度	四月份	次					
5		五月份	次					
6		六月份	次					
7	第三季度	七月份	次					
8		八月份	次					
9		九月份	次					
10	第四季度	十月份	次					
11		十一月份	次					
12		十二月份	次					
全年巡视次数合计			次					

8. 状态巡视过程管控

(1)巡视作业步骤

·班组长从工区领受巡视工作任务后,向班组成员交代巡视范围、巡视重点,分解巡视任务。

·巡视人员携带巡线用工器具到达巡视现场。

·巡视时应遵循由远至近的原则,在远离杆塔时就要观察线路周围环境情况。到达杆塔前要从不同角度观察线路保护区内的交叉跨越情况,有无可能影响到线路安全运行的建筑物、树木、施工工地、爆破行为、架设其他线路等,如有上述现象应及时了解情况,如违反《电力法》《电力设施保护条例》及有关安全运行规定,则应及时下发《违反〈电力设施保护条例〉通知书》并予以制止。确实制止不了的应尽快向班长或领导汇报。

· 选取合适的位置,最好是顺光,观测导地线有无断股、悬挂异物等现象,观察直线杆塔的绝缘子串是否倾斜。

· 在靠近杆塔时观察杆塔周围 30m 内有无开挖、取土现象,在杆塔基础及周围有无倾倒垃圾、堆放易燃、易爆物品的现象,出现上述现象也应及时制止并下发《违反〈电力设施保护条例〉通知书》。

· 到达杆塔位置后,要顺线路方向两侧观察,导地线弛度有无变化、不平衡现象。

· 杆塔基础回填土有无塌陷、水冲等现象,保护帽有无损坏等。对于采空区线路应定期测量基础根开有无变化。

· 对水泥杆及拉线塔应检查拉线是否完整、是否采取了防盗措施,拉线松紧程度、拉线交叉处有无摩擦现象、拉线回填土有无变化、拉线是否锈蚀、断股,拉线尾线是否绑扎牢固等,水泥杆本体有无裂纹、水泥脱落、钢筋外漏、脚钉或爬梯短缺损坏等。

• 观察杆塔上有无危及供电安全的鸟巢及有蔓藤类植物附生,如有蔓藤类植物附生应从地面扯拉清除。

• 检查杆塔构件是否完整、变形,如有短缺应及时测量、记录其规格、型号、长度,并上报加工。

• 用脚猛踹铁塔斜材,听铁塔螺栓有无因振动发出的声响,以检查杆塔螺栓是否松动,必要时用扳手检查铁塔螺栓紧固程度。

• 眼睛紧贴铁塔四条主材或水泥杆向上观察,铁塔主材或水泥杆有无挠度,站在铁塔四面的正下方向上观察,塔身整体有无挠度。

• 使用望远镜由上至下检查金具、绝缘子、附件是否完好,绝缘子是否污秽,各类销子、螺母是否短缺等。

• 巡视完一基杆塔后,应从该基杆塔向两侧杆塔观察,如路径适宜应沿线路保护区向下一基杆塔前进。

• 巡视完一基杆塔后,要将所发现缺陷及时记录在巡线记录本上,全部巡视结束班组负责人询问巡视情况,对重大缺陷要现场再次查勘。

(2)巡视前准备

• 准备工作安排

序号	内容	标 准	责任人
1	出班前确定巡视范围		工作负责人
2	开工前明确作业内容	《架空送电线路运行规程》	巡视人员
3	个人工具准备		巡视人员

• 人员要求

序号	内 容
1	作业前身体健康、精神状态良好
2	具备必要的电气知识,本年度《安规》考试合格,有一定现场运行经验、熟悉架空送电线路运行规程
3	掌握线路巡视的方法

• 工器具准备

序号	名称	规格	单位	数量	备 注
1	望远镜		个	每人1个	
2	测绳		条	每人1条	
3	巡视手册、巡视记录本、笔		套	每人1套	
4	卷尺	5m	根	每人1根	
5	扳手		把	每人1把	
6	钳子		把	每人1把	

续表

序号	名称	规格	单位	数量	备 注
7	手锯		把	每人1把	
8	螺丝		条	每人若干	
9	工作服		套	每人1套	工区及公司配发
10	鞋		双	每人1双	工区及公司配发
11	工具包		个	每人1个	

（3）巡视要求

序号	内 容
1	巡视人员在巡视中必须保证到位,并能及时准确地发现设备缺陷异常
2	巡视人员应详细检查沿线环境有无影响线路的安全隐患、线路有无影响运行的缺陷、附属设施是否齐全
3	巡视人员应了解线路周边环境、地形地貌状况和气候特征,能够绘制交通草图,划分特殊区域,抓住线路巡视重点和设备预控点,尤其对易发展的缺陷要跟踪检查,提出针对性防范措施
4	巡视人员巡线设备紧急缺陷,必须立即报告,在确保人身和设备安全情况下,可在现场进行临时处理
5	对防护区发生栽种树木、修建道路、兴建房屋、取土采石、架设管线等危及线路安全的行为,巡视人员应预见到这些行为对线路的潜在危险,及时与当事人联系,下发《违反(电力设施保护条例)通知书》,予以纠正,并取得对方的签字或盖章的回执

序号	内　容
6	巡视人员对责任线路的设备标志、警示标志要检查是否齐全、完整,确有问题的要及时上报。对由于设备和环境发生变化需加装设备标志或警示标志的杆塔区域,应提出具体安装意见
7	巡视人员在巡线过程中,应对上次检修结果进行验收,并做出评价
8	巡视人员在巡线过程中,应根据安排和规范要求,消除设备零星缺陷,开展通道维护,依法清理防护区内不符合标准的树木、交叉跨越和违章物
9	巡视人员依据巡线结果,提供线路需要进行检测及维修的具体项目、内容和范围
10	在故障巡视时巡视人员必须按要求巡完线路,不得遗漏或出现空白点。发现故障点时需及时上报,不得隐瞒和虚报,并注意保护现场,留存原始物件。确未发现故障点,要对巡视质量负责并及时报告结果。线路巡视专责人参加事故、障碍调查分析
11	巡视人员应依据巡视结果,认真填写巡视记录、缺陷卡片和防护区专档等资料,并做到数据准确,信息可靠
12	巡视人员应努力学习,不断提高技术水平,了解线路新材料的性能、用途,能够在巡视过程中应用新型工具,仪器,开展线路检查测试,能够应用现代化手段,记录巡线结果,保证巡视质量

9. 常见危险点、特殊区域的运行维护措施(图 3-2)

运行单位应根据线路沿线地形、地貌、环境、气象条件等特点,结合运行经验,逐步摸清并划定特殊区域(区段),如:大跨

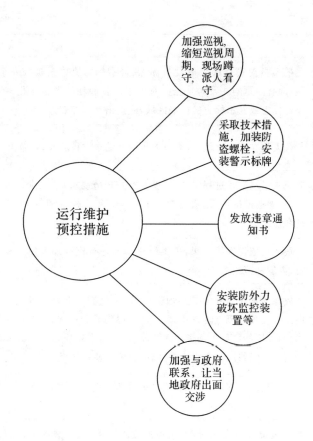

图 3-2

越段线路或位于重污区、重冰区、多雷区、洪水冲刷区、不良地质区、采矿塌陷区、盗窃多发区、导线易舞动区、易受外力破坏区、微气象区、鸟害多发区、跨越树（竹）林区、人口密集区等，并将其纳入危险点及预控措施管理体系。

危险点或特殊区域	运行维护（预控）措施
易建房区	每月落实专人对该区域重点巡视，巡视中加强对附近村民的电力法规宣传、教育，多了解村镇发展规划及村镇外扩趋向； 加强与土管、规划、开发区等政府部门的联系，宣传国家电力法规禁止在电力设施保护区内建房的规定，防止在电力设施保护区内违章批复用地，违章规划和违章开发等事情的发生； 巡视中重点注意打桩画线、砖石堆放等情况，发现隐患应当面向违章者进行口头阻止并宣传有关电力法律、法规的规定，阐明可能造成的严重后果，并应以法定隐患通知书等书面形式责令其停止并拆除违章建筑，同时以挂号邮件方式抄送土管、规划、村两委、镇政府等职能部门； 加强与该区域群众护线员的联系、沟通
易受外力破坏区	加强对该区域的巡视，每月至少巡视一次； 巡视中重点注意爆破采石、爆破施工、农田改造、地基平整、杆塔、拉线基础周围取土、挖沙、堆土、围塘水产养殖、线路通道附近放风筝、射击、通道内钓鱼等情况。发现隐患应当面向违章者进行口头阻止并宣传有关电力法律、法规的规定及可能造成的严重后果，并应以法定隐患通知书、函件等书面的形式责令其停止违章爆破、施工、取土、围塘等违章、违法行为并要求赔偿损失或恢复原状，必要时应将该隐患通知书、函件以挂号邮件方式抄送当地土管局、公安局治安科、村两委、乡、镇政府、开发区管委会等政府职能部门； 在采石场、鱼塘、各类施工作业现场做好如"严禁爆破""严禁取土""钓鱼危险""高压有电"等安全警告标示牌、标志牌； 加强与该区域群众护线员的联系、沟通

续表

危险点或特殊区域	运行维护(预控)措施
鸟害区	每年的 4 月～6 月,每月巡视的次数不应少于一次,并应对巡视中发现的鸟窝及时移位保护处理; 有计划地对该区域杆塔绝缘子挂点上方横担部位安装驱鸟装置
树(竹)木速长区	每年春季 4 月～6 月班组应组织对竹林区的特巡和及时处理,同时通知户主及时清理竹笋。加强同该区域群众护线员的联系,请他们在竹笋速长期多留意其生长情况和线路护线宣传; 在树木速长季节(一般在上半年),准确估计各树种的自然生长速率,对本年度可能威胁线路安全运行的地段必须巡视到位,发现隐患应及时处理。安排费用冬季落实农户进行处理
多雷区	雷击频繁区的线路应采取综合防雷措施; 雷季前,应做好防雷设施的检测和维修,落实各项防雷措施; 雷季期间,应加强防雷设施各部件连接状况、防雷设备和观测装置动作情况的检查; 做好雷害线路的检查,对损坏的设备应及时修补、更换。对雷害故障杆塔的金具和导线、避雷线夹必须打开检查,必要时还必须检查相邻档线夹。故障杆塔必须核测杆塔接地电阻是否符合设计要求; 组织好对雷击事故的调查分析,总结现有防雷设施的效果,研究更有效的防雷措施
洪水冲刷区	汛期到来前,班组技术员必须到现场巡视一次,重点检查杆塔、拉线基础的稳定性、是否容易受冲刷等情况报工区生技部门,视现场实际情况确定应采取防范措施; 汛期时,根据洪水情况,及时组织特巡和处理

续表

危险点或特殊区域	运行维护(预控)措施
滑坡沉陷区	汛期、雨季、严寒季节每月要巡视一次,巡视时要重点检查杆塔基础上、下边坡的稳定情况,发现隐患及时汇报处理
重冰区	实践证明不能满足重冰区要求的杆塔型号、导线排列方式应有计划地逐步进行改造或更换; 覆冰季节前应对线路做全面检查,消除设备缺陷,落实除冰、融冰和防止导线、避雷线跳跃、舞动的措施。同时制订抢修方案,准备好抢修的工器具、通讯设备及车辆,并进行事故预想及预演; 覆冰季节中,应有专门观测维护组织,加强巡视、观测,做好覆冰和气象观测记录及分析,研究覆冰和舞动的规律。随时了解冰情,适时采取相应措施; 覆冰消除后,应对线路进行全面检查、测试和维护
重污区	雾季前巡视检查绝缘子脏污情况,发现特别脏或附近污源增加较快的线路区段,巡视班组及时汇报,工区及时进行带电检测附等值盐密值或进行污秽液导电元素的理化分析,准确掌握污秽程度,以便采取绝缘子防污闪技术措施; 雾、毛细雨季按季节特性重点进行巡视(包括夜巡),查看绝缘子串有无爬电现象、放电声、电晕等或检测在线监视泄漏电流数值、脉冲电流数值等情况

10．安全措施

序号	内　容
1	夜间或单人巡视时,禁止攀登杆塔。新人员不得一人单独巡视。偏僻山区巡视必须两人进行。暑天大雪天必要时由两人进行
2	夜间巡视时应用照明工具,巡线人员应在线路两侧行走,以防触及断落得导线
3	在林区和草木茂盛地段巡视时,巡视人员应两人同行,带有防止动物袭击的器械和药物
4	巡线中遇有大风时,应在上风侧沿线行走,以防断线倒杆危急巡视人员安全
5	事故巡视应始终认为线路带电,即使知道线路已经停电,巡视人员亦应认为线路随时有恢复送电的可能
6	发现导线或架空地线断落对面或悬吊空中时,应设法防止居民、行人靠近断线地点8m以内,并迅速上报领导等候处理
7	雷雨天气,巡视人员应避开杆塔、导线和高大树木下方,应远离线路或暂停巡视,以保证巡视人员人身安全
8	巡视人员必须带好随身工具和小材料以备临时处理缺陷。对被盗线夹的拉线,巡视人员必须经仔细观察后方可采取临时措施,防止拽拉线时误碰导线
9	500kV线路带电登塔巡视时,登塔前必须经单位生产技术负责人同意,填写第二种工作票,并向调度提出申请,办理许可手续。攀登杆塔人员必须穿合格的防静电服或屏蔽服,且连接可靠,人身及携带的工具材料与带电体必须保持不小于5m的安全距离。必须使用绝缘安全带、绝缘无极绳。杆塔上检查绝缘架空地线,要把绝缘架空地线视为带电体,检查人员与绝缘架空地线之间的距离,不应小于0.4m。带电登塔巡查应有专人监护

续表

序号	内　　容
10	夏季巡视,应避开高温时间,防止中暑
11	冬季巡视,应穿戴防寒物品,防止冻伤

11. 状态巡视常用工作表单

· 线路基本参数记录表单

线路基本参数

_____线

基本情况	线路名称		线路编号	
	电压等级		运行(所属)单位	
	起始地址		终止地址	
	架空线路长度(km)		电缆线路长度(km)	
	本班组运行:	从____号至____号杆,共____基,计_____公里		
	线路主要塔型		允许最大电流(A)	
	线间距离(m)		平均档距(m)	
	交流/直流		最大档距(m)	
	建设日期		投运日期	
	设计单位		施工单位	
	资产单位		代运年月	
	设备评级		评级日期	
	线路色标		穿越县(市)	

线路地形	地形分类	区段杆号	合计（km）	占%
	山区			
	丘陵			
	平原			
	其他			

导线	排列方式：＿＿＿＿＿＿＿＿＿，每相根数＿＿＿，压接方式＿＿＿＿＿＿＿
	规格：型号＿＿＿＿＿＿＿，从＿＿号杆至＿＿号杆，共＿＿公里
	型号＿＿＿＿＿＿＿，从＿＿号杆至＿＿号杆，共＿＿公里
	型号＿＿＿＿＿＿＿，从＿＿号杆至＿＿号杆，共＿＿公里
	三线换位示意图：

地线	规格：型号＿＿＿＿＿＿从＿＿号杆至＿＿号杆，共＿＿公里
	型号＿＿＿＿＿＿从＿＿号杆至＿＿号杆，共＿＿公里
	型号＿＿＿＿＿＿从＿＿号杆至＿＿号杆，共＿＿公里

偶合地线	规格：型号＿＿＿从＿＿号杆至＿＿号杆，共＿＿公里，悬挂点高度＿＿米
	型号＿＿＿从＿＿号杆至＿＿号杆，共＿＿公里，悬挂点高度＿＿米

杆塔分类			铁塔	钢管杆	砼杆	合计
	直线杆塔	塔型				
		数量				
	转角杆塔	塔型				
		数量				
	耐张杆塔	塔型				
		数量				
	转角塔：直线转角＿＿＿＿＿＿基，直线转角最大度数＿＿＿＿＿＿					

同杆架设	本线与＿＿＿千伏＿＿＿线,从＿＿号杆至＿＿号杆,共＿＿＿公里同杆塔并架						
	本线与＿＿＿千伏＿＿＿线,从＿＿号杆至＿＿号杆,共＿＿公里同杆塔并架						
	本线与＿＿＿千伏＿＿＿线,从＿＿号杆至＿＿号杆,共＿＿公里同杆塔并架						
	本线与＿＿＿千伏＿＿＿线,从＿＿号杆至＿＿号杆,共＿＿公里同杆塔并架						
绝缘水平	直线串	型号					
		串数					
		每串片数					
		爬电比距					
	耐张串	型号					
		串数					
		每串片数					
		爬电比距					
	跳线串	型号					
		串数					
		每串片数					
		爬电比距					
	型号						
	数量						

• 资产变动明细

资产变动明细

_____线

变动日期	杆号	变动原因	变动内容

· 特殊区域记录

<h2 style="text-align:center">特殊区域</h2>

_____线

特殊区域类型	起止杆号	形成原因

· 环境变化记录

环境变化

_____线

起止杆号	变化日期	变化前环境	变化后环境	变化原因

· 污源及污秽记录

污源及污秽记录

_____线

污源性质	污秽等级	起始杆号	起止杆号	污源长度	污源距离

· 通信光缆安装情况

起止杆号	光缆型号	长度	接头盒位置

• 驱鸟器安装情况

安装杆塔号	驱鸟器型号	数量	安装日期

• 事故障碍记录

_____线

日期	时间	杆号	保护动作情况	原因	类型	责任者

• 避雷器

_____线

安装杆塔号	避雷器型号	生产厂家	数量	安装时间

避雷器读数

_____线

年度	杆塔号	4月		5月		6月		7月		8月		9月		10月	

• 交叉跨越

　　　　　　　　　　　　　　　　　　_____线

起止杆号	交叉跨越物名称	交叉角度	交叉点至最近杆塔号	交叉点至最近杆塔水平距离	与交叉物垂直标准距离	与交叉物垂直实测距离	是否有接地保护	被跨越物地对距离	测量温度	测量日期	合格否

- 危险点

_____线

序号	杆号	危险点性质描述	危险点所处地点 （区县、镇乡、村）	备注

- 路径图

_____线

_____线

杆号						
杆塔型式						
转角度数						
相序及导地线接头	左地线					
	左(上)导线					
	中导线					
	右(下)导线					
	右地线					
平面图						
档距(米)						
绝缘子型号						
单串片数×每相串数						
绝缘子数量						
施涂 RTV 情况						
导线防震锤						
地线防震锤						
光缆防震锤						
拉线型式						
接地型式						
杆塔防盗						
附属设备						
备注						

第二节 输电线路状态在线监测

1. 在线监测系统介绍

在线监测是指直接安装在设备本体上实时可记录表征设备运行状态特征量的测量系统及技术。

输电线路在线监测系统是利用太阳能电池供电,通过无线公网 3G/GPRS/EDGE/CDMA1X 通信传输方式,对输电线路的远程视频、微气象、杆塔倾斜、防盗报警、覆冰等线路情况进行监测并上传至监控中心,在监控中心不仅看到现场图像,还可以通过各项监测采集的数据实时分析、诊断和预测线路运行状态,采取适当的措施以消除、减轻险情,保证输电线路的安全、稳定运行。输电线路在线监测系统可以实现如下功能:

· 故障诊断:通过对状态数据的分析,参考设备特征参数和损失模式,查找故障和事故的原因,提出建议,避免今后发生类似故障。

· 在线预警:根据状态参数,发现线路存在的隐患,包括外力侵袭破坏等,及时发出预警,避免故障的发生。

• 辅助决策:对输电线路状态进行预测和趋势分析,分析结果将为运行调度单位提供决策的信息支持。

• 状态检修:根据综合的线路运行过程中的状态信息,并按照设备状态检修导则,实现输电线路状态检修。

• 风险评估:根据输电通道周边环境信息,以及运行状态信息,评价输电线路未来的运行风险。

2. 在线监测系统构成

输电线路在线监测系统由两部分组成,分别是数据采集前端(太阳能供电系统、数据采集系统、通信系统等)和后端分析处理系统组成。采集前端是一台高性能的数据采集主机,其主供电源为太阳能板,有些地域还可以根据实际情况加装风力发电机,可以全天候作业。通过预先设定的程序定时对周围的各种数据,比如温度、湿度、风向等进行分析收集,视频探头可以不间断对周围环境进行实时监测,前台系统对所收集数据进行处理后,通过无线(GSM/GPRS/CDMA)传输方式可以及时传输至后台控制中心。后端分析处理系统可以对所收集的相关数据进行分析,根据分析结果有针对性地对相关杆塔采取防范措施,降低线路事故的发生。输电线路在线监测系统通常包括以下几个子系统:

- 输电线路图像视频在线监测系统；

- 输电线路微气象在线监测系统；

- 输电线路杆塔倾斜在线监测系统；

- 输电线路覆冰在线监测系统；

- 输电线路绝缘子泄漏电流在线监测系统；

- 输电线路导线（金具）温度在线监测系统；

- 输电线路风偏、舞动、弧垂在线监测系统。

3. 输电线路状态监测系统建设原则

- 选取长期重载线路、巡线困难地区、运行抢修困难局部线段和跨越主干铁路、高速公路等设施的重要跨越段，大跨越，微地形、微气象地区、采空区或地质不良区、外力破坏多发区的输电线路作为工程试点线路，在开展线路运行总结分析的基础上，合理选用安全可靠、技术先进、功能适用、维护方便的线路状态监测装置。

- 线路同一区段监测多个参数时，应统筹考虑，宜采用一体化装置，避免功能重复或同一测点位置装置过多。

- 在配置输电线路状态监测装置时应统筹考虑，充分整合已有在线监测装置信息资源。

- 各类监测装置的选取应以实际需求为基础，对同一走廊多条线路或环境条件、气象条件相近地区,应统筹考虑在线监测装置的布点,避免重复建设。雷电定位监测装置应按照国家电网公司雷电定位系统建设的总体要求配合实施。

4. 在线监测系统模块功能介绍

(1)绝缘子污秽在线监测

• 背景和意义

随着工农业生产的日益发展,供电系统中的绝缘子污染日益严重,绝缘子上沉积的污秽物在湿度较大的天气中很容易发生污闪,严重影响供电系统的可靠性。在电力系统故障统计中,架空送电线路雷击故障所占比例也同样一直居高不下,成为困扰安全供电的一个普遍难题。同时由于污闪和雷击故障的破坏性和隐蔽性,使用传统的查找方法,不仅效率低、时间长、劳动强度大,而且有的故障点难以定位,极有可能成为以后发生线路事故的严重隐患。

• 功能和作用

通过实时测量绝缘子的泄漏电流、脉冲电流、脉冲频次,统计其单位时间内放电脉冲数据,分析雷击闪络故障和工频闪络故障,并可综合温湿度等气象参数,利用专家分析系统,对绝缘子表面污秽(灰密、盐密)进行定量分析得出当前绝缘子表面的污秽程度,并提供准确的预警信息,让绝缘子表面污秽清洗工作更加准确有效。

(2)绝缘子串风偏在线监测

· 背景和意义

当风力作用于导线上,垂直于线路方向的分量将使导线产生横线路的摇摆偏移,摇摆幅度取决于风速、绝缘子、导线自重等因素,摇摆到一定角度后,导线与塔身的距离减少,小于正常运行时的空气间隙,在工频电压下空气隙击穿放电,其中最易发生导线、引流线在强风作用下对塔身风偏放电,导致输电线路失地故障。

· 功能和作用

通过绝缘子串风偏监测终端实时测量绝缘子串的风偏角(悬垂角角度),系统应用软件可根据绝缘子串的风偏角和杆塔基础数据计算出和杆塔之间的空气间隙,并当风偏角较大或者安全间隙接近或者小于门限时,实现预警和报警,可有效地防止风偏闪络故障的发生。

(3)输电线路杆塔倾斜在线监测

· 背景和意义

我国地理分布广泛,地质条件复杂多样,当输电线路经过煤炭开采区、软土质地区、山坡地、河床地带等特殊地带时,在自然环境和外界条件的作用下,杆塔基础时常会发生滑移、倾斜、沉降、开裂等现象,从而引起杆塔的变形或倾斜。杆塔倾斜将造成杆塔导地线的不平衡受力,引起杆塔受力发生变化,造成电气安全距离不够,影响线路正常运行。

· 功能和作用

通过安装在杆塔上的倾斜监测装置对杆塔的倾斜角度进行实时监测,及时向系统主站上报角度数据,系统应用软件根据杆塔基本数据进行计算,能发现杆塔倾斜微小变化,实现预警和报警,帮助运行部门及早发现隐患,及时排除故障,从而提高输电线路运行的可靠性。

(4)输电线路气象在线监测

· 背景和意义

我国地域广大,电力线路和设备具有危险点分散性大、距离长、难以监控维护等特点,而由气象台提供的对某个地区的定时定点监测记录并不能完全准确地反映特点电力线路走廊和变电站等重要区域的气象条件,其历史气象数据完全一片空白,给自然灾害预防及研究带来了一定的困难。随着全球气候环境恶化的加剧,冰雪、洪涝、冻雨、大风等灾害时有发生,而且越来越频繁。输电线路易受覆冰、舞动影响,出现大面积事故停电,给电力系统及人民生活造成极大的直接与间接经济损失。

· 功能和作用

主要针对输电线路走廊的微气象环境数据进行全天候实时监测,获取当地气象实时和历史数据,如环境温度、湿度、风速、风向、降雨量等,既可用于输电线路覆冰状态的分析和判决的依据,又可为灾害预测、状态检修等提供全面的信息。

(5)输电线路图像监控

· 背景和意义

随着电力建设的迅速发展,电网规模的不断扩大,在复杂地形条件下建设的电网越来越多。现有输电线路的运行安全和线路的使用寿命,已被广大电力工作者所关注。迅速增长的输电线路给线路运行人员带来越来越多的巡视维护工作,对交叉跨越、人员活动密集地等线路危险点的观察又是必不可少的,因此急需采用新的技术手段来辅助线路运行人员提高工作效率。

· 功能和作用

图像监控系统使输电线路运行于可视监控之中。该系统利用先进的数字视频压缩技术、低功耗技术、GPRS/CDMA 无线通信技术、太阳能应用技术,将现场图像信息传输到监控中心的服务器上,线路管理人员可以通过主站服务器或远程进行登录,查看线路的监控图像,从而实现对输电线路全天候监测。线路管理人员通过图像监控系统,可及时了解现场信息,将事故消灭在萌发状态,有效地减少由于导线覆冰、洪水冲刷、不良地质、火灾、导线舞动、导线应力变化、通道树木长高、线路大跨越、导线悬挂异物、线路周围建筑施工、塔材被盗等因素引起的电力事故,大大减少巡视人员的巡线工作量,特别适用于维护人员不易到达的区域。

(6)输电线路负荷/温升在线监测

· 背景和意义

架空输电线路的热容量极限值是基于恶劣的气象条件,为维持线路对地安全距离而得出的。实际上在绝大多数气象条件下,提高线路最大输送容量,并不会造成导线温度超标。基于导线输送容量受制于导线允许温度的原理,可通过在线监测架空输电线路导线温度,为用户提供重要依据,在确保安全的前提下,充分利用输电线路的潜在容量。

· 功能和作用

通过安装在架空输电导线上的负荷/温升监测终端实时监测导线温度和负荷变化情况,系统应用软件对温度和负荷数据进行统计分析,并可结合气象信息建立负荷预警机制,帮助运行部门实现动态控制线路负荷,从而达到线路增容目的。

(7)输电线路故障在线监测

· 背景和意义

输电线路作为电网的至关重要的环节,一旦发生故障会严重影响系统的安全稳定运行,甚至导致大范围停电事故。输电线路距离远、走廊地形复杂,故障查找困难,并且由于输电线路常用双电源供电,故障点供电方向的判断也比较困难,因此实现对输电线路故障点的自动定位和供电方向判定具有非常重要的意义。

· 功能和作用

能快速准确地在线检测接地故障、短路故障、断线、停送电和供电方向等情况,系统软件根据终端的位置序列和故障发生时的供电方向,同时故障信息可以通过短信方式发送传输到供电公司生产管理部门负责人、线路维护负责人和线路专工的手机上,从而引导工作人员迅速准确地判断故障点的供电方向,迅速找到故障点,为提高工作效率、减轻工作人员劳动强度,提供了一种强有力的手段,能有效提高输电线路故障检测的自动化和现代化水平。系统软件还提供数据分析、告警显示、故障查询和统计功能,为线路安全性能分析和设备检修提供科学有效的依据,保障了电力输送的安全性。

(8)输电线路导线覆冰在线监测

· 背景和意义

严重覆冰会引起输变电设备电气性能和机械性能下降,严重覆冰引起过载荷、不均匀覆冰或不同期脱冰引起张力差,绝缘子串覆冰闪络及覆冰导线舞动是造成覆冰事故的主要原因。采用输电线路导线覆冰在线监测,为电力行业由计划检修过渡到状态检修提供科学依据,确保电力系统安全经济运行。

· 功能和作用

通过相应的气象传感器采集微气象数据(温度、湿度、风速、风向、气压等),通过导线状态集成监测终端采集导线倾角数据,并可通过远端摄像机采集线路和杆塔的现场图像信息,系统应用软件通过覆冰数据模型进行计算,定性分析覆冰状况,推算覆冰厚度和发展趋势,辅助观测覆冰情况,并提供导线覆冰情况的预警和报警。

(9)输电线路导线弧垂在线监测

· 背景和意义

线路运行负荷、导线温度和周围环境的气候变化都会造成线路弧垂的变化,弧垂过大不但会造成事故隐患,也限制了线路的输送能力。采用输电线路导线弧垂在线监测,便于电网调度和管理人员动态调整输电线路热稳定负载,最大限度地发挥输电线路输送能力,从而提高电网运行效率。

· 功能和作用

通过导线状态集成监测终端实时监测导线倾角、导线温度、导线电流,系统应用软件针对实时数据分析计算导线弧垂的变化情况,并结合导线的温度和气象数据分析导线弧垂的变化趋势,建立预警机制;同时根据实时的导线电流、导线温度数据,结合导线弧垂的变化情况,分析导线的输送容量,实现输电线路的动态增容。

第四章　输电线路状态检修工作流程

第一节　输电线路状态检修工作流程概览

1. 状态检修工作流程

开展输电线路状态检修的实施,应保证设备安全、电网可靠性为前提,安排设备的检修工作。在具体实施时,应根据各自单位的实际情况(设备评价情况、检修能力、电网可靠性指标、资金情况、风险情况等)综合考虑检修计划编制并严格按照如图 4-1 所示流程开展。

2. 状态检修实施原则

开展输电线路状态检修,应遵循以下原则:

· 输电线路按状态进行运行、检修应始终坚持安全第一的原则。

· 推行状态检修必须坚持体系建设先行。

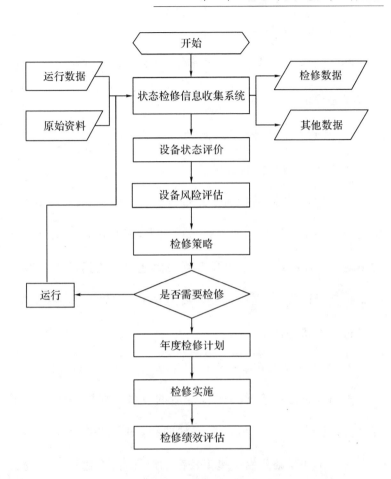

图 4-1 状态检修工作流程概览

· 状态运行、检修工作应当以对设备的状态评价为基础。

· 开展状态运行、检修工作必须遵循试点先行、循序渐进、持续完善、保证安全的原则。

3. 状态评价工作的要求

状态评价应实行动态化管理。每次检修或试验后应进行一次状态评价。

4. 实施状态检修应注意的几个问题

· 新投运线路的状态检修

根据运行经验,新投运线路带负荷运行后,一般只需不到1年时间许多施工质量问题都将暴露出来,因此在人力充分的条件下对于 110kV 及以下电压等级线路也可在投运后 1 年即安排一次例行试验、紧固检查和参数测量工作,收集各种状态量,并进行一次状态评价。

· 老旧线路的状态检修

老旧线路是指接近其运行寿命的设备。根据国内外的研究,电力设备的运行一般遵循浴盆曲线,即在线路投运的初期和寿命终了期是缺陷发生概率较高的时期,这也比较符合我们的运行经验。因此,对于接近其运行寿命的线路(目前标准规定为 20 年,也可根据情况酌情调整),制定检修策略时应偏保守,一般推荐的做法是,即使该类设备评价为正常状态,其检修周期在正常周期的基础上也不宜延长,而评价为注意状态的设备,其检修周期应缩短。

· 停电检修计划安排

在安排检修计划时,当线路状态不是非常迫切需要停电检修时,应协调相关变电设备的检修周期,尽量统一安排,避免重复停电。同一线路存在多种缺陷,也应尽量安排在一次检修中处理,必要时,可调整检修类别,适当延长一次停电时间,减少停电次数。

· 带电作业项目

在缺陷不是非常紧急的情况时,若在较近的时间内该线路有停电检修计划或可靠性允许的情况下,为了降低带电作业的危险性和操作流程的复杂性,提高工作效率,可改为停电进行。

第二节 状态检修信息收集

输电线路状态检修的实施是建立在线路设备状态信息收集与评估基础之上的,线路设备状态信息的来源包括设备原始资料、设备运行资料、新投运线路资料、PMS 系统资料和其他相关资料(见图 4-2)。

线路设备状态信息的收集应满足及时性、准确性、完整性

图 4-2　状态信息来源

和规范性的要求(见图 4-3)。

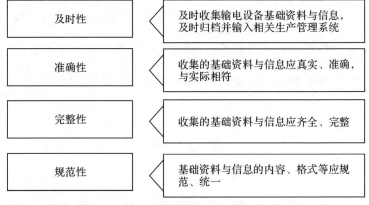

图 4-3　状态信息收集要求

　　线路设备状态信息的最主要来源一个是设备投运前的原始数据资料,一个是线路运行实时数据资料(见图 4-4)。

　　线路设备原始资料与信息应该至少包含表 4-1 中所列全部内容。

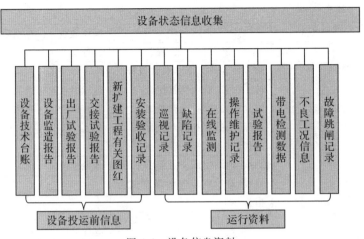

图 4-4 设备信息资料

表 4-1 线路原始资料与信息清单

资料类型	资料名称	保存地点	保存期限
前期资料	初步设计	档案室	永久
	施工图设计	档案室	永久
	招标资料及订货合同	档案室	永久
工程施工文件	开工报告和施工组织设计	运行单位	永久
	施工交底、协调会记录	运行单位	永久
	复测记录	运行单位	永久
	基础施工检查记录	运行单位	永久
	杆塔组立检查记录	运行单位	永久
	导地线压接检查记录	运行单位	永久
	附件安装检查记录	运行单位	永久
	交叉跨越检查记录	运行单位	永久
	接地施工记录	运行单位	永久
	质量事故、缺陷记录	运行单位	永久
	绝缘子交接试验报告	运行单位	永久
	避雷器交接试验报告	运行单位	永久

续表

资料类型	资料名称	保存地点	保存期限
工程竣工文件、资料	线路参数测试方案、报告	运行单位	永久
	阶段性验收方案和验收报告	运行单位	永久
	竣工报告、验收交接记录	运行单位	永久
	设计变更联系、通知单	运行单位	永久
	绝缘子说明书、合格证、试验报告	运行单位	永久
	导线、地线出厂质量证明书	运行单位	永久
	导线、地线液压连接强度试验报告	运行单位	永久
	杆塔出厂资料(钢材试验和检验报告)	运行单位	永久
	水泥试配和试块报告	运行单位	永久
	铁塔、地脚螺栓等产品合格证	运行单位	永久
	原材料(半成品、成品)采购出厂		
	证明文件	运行单位	永久
	钢盘焊接报告,检验报告	运行单位	永久
	避雷器说明书、合格证、试验报告	运行单位	永久
	OPGW说明书、合格证、试验报告	运行单位	永久
	金具、绝缘子出厂质量证明书	运行单位	永久
路径图、定位图、杆塔	施工图设计说明书及设备材料表,线路路径图,全线杆塔一览表,定位图(平断面图)	运行单位	永久
机电特性安装图	导线、地线架线图;接地装置图;通讯干扰相对位置图;拦河线安装图;换位图	运行单位	永久

续表

资料类型	资料名称	保存地点	保存期限
金具及防震装置	绝缘子及金具组装图;导地线防震锤及间隔棒安装图	运行单位	永久
大跨越塔	特殊大跨越塔基础图;特殊大跨越塔图;特殊大跨越材料明细表;特殊大跨越导、地线安装图;特殊大跨越防震结构安装图	运行单位	永久
一般钢结构图	钢结构塔零件加工、组装图;材料明细表	运行单位	永久
杆塔基础	基础施工说明;除特殊大跨越塔以外的线路杆塔基础图	运行单位	永久
导、地线	产品结构图;线盘图;线盘包装图;线盘起吊图;单丝的技术参数表及说明书;绞线的技术参数及说明书;绞线检验报告;绞线形式试验报告	运行单位	永久

线路运行实时数据资料应该至少包含表 4-2 中所列全部内容。

表 4-2　线路运行数据资料

架空线路	××线路
线路基础	杆塔基础表面损坏情况； 拉线基础埋深、拉线棒锈蚀情况； 基础护坡及防洪设施损坏情况； 金属基础锈蚀情况； 杆塔基础保护范围内基础表面取土情况； 防碰撞设施情况； 基础立柱淹没情况； 保护帽损坏情况； 连接件损坏情况
线路杆塔	杆塔倾斜情况； 钢管杆杆顶最大挠度、铁塔、钢管塔主材弯曲情况； 杆塔横担歪斜情况； 铁塔和钢管塔构件缺失、松动情况；连接钢圈、法兰盘损坏情况； 铁塔、钢管杆(塔)锈蚀情况； 拉线锈蚀损伤情况； 混凝土杆裂纹； 防御螺栓(帽)安装情况
线路导、地线	腐蚀、断股、损伤和闪络烧伤情况； 异物悬挂情况； 异常振动、舞动、覆冰情况； 弧垂； 跳线情况； OPGW 及其附件情况； 红外测温情况

架空线路	××线路
绝缘子	绝缘子铁帽、钢脚锈蚀、锁紧销缺损情况； 复合绝缘子端部连接情况； 复合绝缘子芯棒护套和伞裙损伤情况； 瓷绝缘子釉面破损情况； 绝缘子积污情况； 复合绝缘子憎水性； 瓷绝缘子零值和玻璃绝缘子自爆情况； 招弧角及均压环损坏情况； 绝缘子串倾斜情况； 瓷长棒绝缘子固定和损坏情况
线路金具	金具变形情况； 金具锈蚀、磨损情况； 金具裂纹情况； 锁紧销（开口销、弹簧销等）缺损情况； 接续金具情况； 间隔棒缺损和位移情况； 重锤缺损情况； 防舞鞭位移情况； 地线绝缘子放电间隙； 防振锤缺损情况； 预绞丝护线条损坏情况； 阻尼线位移情况
接地装置	接地引下线连接情况； 接地引下线锈蚀、损伤情况；接地体埋深

续表

架空线路	××线路
附属设施	杆号牌缺损情况； 防雷设施损坏情况； 在线监测装置缺损情况； 防鸟设施损坏情况； 爬梯、护栏缺损情况； 附属通信设施缺损情况； 警示标识缺损情况,包括防雷设施、防鸟设施、警示标识、在线监测装置等
通道环境	交跨距离； 通道内树木、建筑情况;对地距离、风偏距离、保护区情况等

为确保及时准备掌握线路设备状态情况,线路资料与信息收集需满足完成时限要求。

原始资料	设备招标的技术规范文件	设备投产前验收时
	鉴定证书	设备投产前验收时
	竣工图纸	投产后 30 天内
	所辖设备的交接试验报告	投产后 30 天内
	所辖设备的产品使用说明书	投产后 30 天内
	所辖设备的合格证、质量保证书	投产后 30 天内
	所辖设备的安装记录	投产后 30 天内
	设备参数一览表	投产后 30 天内建档
	线路单线图	投产后 30 天内建档
	线路相位排列图	投产后 30 天内建档
	线路特殊区一览表	投产后 30 天内建档
运行资料	输电线路巡视记录	工作完 3 天内
	输电线路缺陷记录	工作完 3 天内
	红外测温记录	工作完 3 天内
检修资料	输电线路检修记录、检修报告	工作完 14 天内
	接地电阻测量记录	工作完 14 天内
	线路故障分析报告	故障处理完 24 小时内
	输电线路带电检修记录	工作完 14 天内

第三节 线路设备状态评价

输电线路状态评价是按条计列,但线路设备有杆塔与基础、导地线、绝缘子、金具、接地装置、附属设施和线路通道 8 个单元,每个单元项有数量众多的构件,因此评价先按单元状态评价,由单元、部件、评价内容、状态量、量测、评分标准构成,评价内容是部件的具体评价范畴。状态量是反映评价内容中设备状况的各种技术指标、性能和运行情况等参数的总称,量测是状态量的具体数值或定性值,评分标准是按单元的重要性来附以不同权重,它通过量测来判断状态的扣分依据,按是否需要停电来施行采取何种检修方式。

状态量是反映架空输电线路或设备状态的技术指标、性能参数、试验数据、运行状态以及通道情况等参数的总称。状态量可分为正常状态、注意状态、异常状态和严重状态(见图 4-5)。

1. 状态量权重及劣化程度

· 状态量权重

根据状态量对线路安全运行的影响程度,从轻到重分为四个等级,对应的权重分别为权重 1、权重 2、权重 3、权重 4,其系

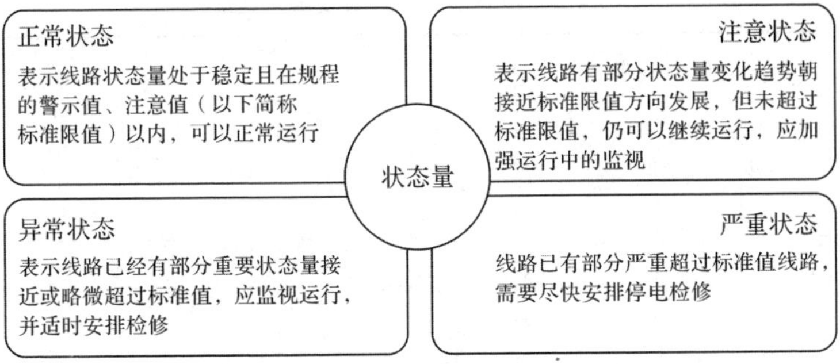

正常状态	注意状态
表示线路状态量处于稳定且在规程的警示值、注意值（以下简称标准限值）以内，可以正常运行	表示线路有部分状态量变化趋势朝接近标准限值方向发展，但未超过标准限值，仍可以继续运行，应加强运行中的监视
异常状态	严重状态
表示线路已经有部分重要状态量接近或略微超过标准值，应监视运行，并适时安排检修	线路已有部分严重超过标准值线路，需要尽快安排停电检修

状态量

图 4-5　状态量的 4 种状态值

数为 1、2、3、4。权重 1、权重 2 与一般状态量对应，权重 3、权重 4 与重要状态量对应（见表 4-3）。

· 状态量劣化程度

根据状态量的劣化程度从轻到重分为四级，分别为Ⅰ、Ⅱ、Ⅲ和Ⅳ级。其对应的基本扣分值为 2、4、8、10 分。

2. 架空线路状态评价的主要内容

架空线路状态评价以条为基础，若线路有分支线，则应结合主线共同进行评价；对于一条线路多个单位共管时，各管辖单位应分别进行状态评价。状态评价应具备完善的设备技术资料，包括设备档案、运行台账、检修记录等内容。

表 4-3　线路状态量权重及劣化程度

状态量 劣化程度	权重 基本 扣分值	1	2	3	4
Ⅰ	2	2	4	6	8
Ⅱ	4	4	8	12	16
Ⅲ	8	8	16	24	32
Ⅳ	10	10	20	30	40

设备的评价包括基础、杆塔、导地线、绝缘子、金具、接地装置、附属设施、通道八大项(见表 4-4)。

表 4-4　设备评价主要内容

线路单元	主要内容
基础	包括杆塔基础、拉线基础及基础附属设施(挡土墙、排水沟、防沉层、防撞装置、防洪装置、护坡等)
杆塔	包括混凝土电杆、铁塔、钢管杆、钢管塔、杆塔拉线
导地线	包括导线(含引流线)、架空地线(含 OPGW、耦合地线)
绝缘子	包括盘形悬式瓷绝缘子、玻璃绝缘子、复合绝缘子、瓷长棒绝缘子等
金具	包括耐张线夹、悬垂线平静、联结金具、保护金具、接续金具等
接地装置	包括接地体、接地引下线等
附属设施	包括防雷设施、防鸟设施、警示标识、在线监测装置等
通道	通道内输电线路交叉跨越情况、对地距离、风偏距离、保护区情况等

状态量评价扣分标准会存在一定的人为主观因素,因此需要制订详细的状态量评价标准,如下表线路单元模块评价标准:

（1）基础状态量评价标准

状态量	权重系数	状态程度	扣分标准	基本扣分	应扣分值
杆塔基础表面损坏情况	4	IV	阶梯式基础阶梯间出现裂缝	10	40
		III	杆塔基础有钢筋外露	8	32
		II	基础混凝土表面有较大面积水泥脱落、蜂窝、露石或麻面	4	16
拉线基础埋深	4	IV	拉线基础埋深低于设计值60cm以上	10	40
		III	拉线基础埋深低于设计值40～60cm	8	32
		II	拉线基础埋深低于设计值20～40cm	4	16
拉线棒锈蚀情况	4	IV	拉线棒锈蚀超过设计截面30%以上	10	40
		III	拉线棒锈蚀超过设计截面25%～30%	8	32
		II	拉线棒锈蚀超过设计截面20%～25%	4	16
		I	拉线棒锈蚀不超过设计截面20%	2	8

续表

状态量	权重系数	状态程度	扣分标准	基本扣分	应扣分值
基础护坡及防洪设施损坏情况	4	IV	基础护坡及防洪设施损毁，造成严重水土流失，危及杆塔安全运行；处于防洪区域的杆塔未采取防洪措施；基础不均匀沉降或上拔	10	40
		III	基础护坡及防洪设施损坏，造成大量水土流失	8	32
		II	基础护坡及防洪设施破损，造成少量水土流失	4	16
金属基础锈蚀情况	4	IV	金属基础严重锈蚀	10	40
		II	金属基础一般锈蚀	4	16
杆塔基础保护围基础表面取土情况	3	IV	砼杆基础被取土30cm以上；铁塔基础被取60cm以上	10	30
		III	砼杆基础被取土20～30cm；铁塔基础被取30～60cm	8	24
防碰撞设施情况	3	IV	防碰撞设施缺失或损坏，失去防碰撞作用	10	30
		III	防碰撞设施损坏，尚能发挥防碰撞作用	8	24
		I	防碰撞设施警告标识不清晰或缺失	2	6

状态量	权重系数	状态程度	扣分标准	基本扣分	应扣分值
基础立柱淹没情况	2	Ⅳ	杆塔基础位于水田中的立柱低于最高水面	8	16
		Ⅲ	位于河滩和涝积水中的基础立柱露出地面高度低于 5 年一遇洪水位高程	4	8

(2)杆塔状态量评价标准

状态量	权重系数	状态程度	扣分标准	基本扣分	应扣分值
杆塔倾斜情况	4	Ⅳ	一般铁塔、钢管杆(塔)倾斜度≥20‰,50m 以上铁塔、钢管杆(塔)倾斜度≥15‰;砼杆倾斜度≥25‰	10	40
		Ⅲ	一般铁塔、钢管杆(塔)倾斜度 15‰~20‰,50m 以上铁塔、钢管杆(塔)倾斜度 10‰~15‰;砼杆倾斜度 20‰~25‰	8	32
		Ⅱ	一般铁塔、钢管杆(塔)倾斜度 10‰~15‰,50m 以上铁塔、钢管杆(塔)倾斜度 5‰~10‰;砼杆倾斜度 15‰~20‰	4	16

续表

状态量	权重系数	状态程度	扣分标准	基本扣分	应扣分值
钢管杆杆顶最大挠度	4	IV	直线钢管杆杆顶最大挠度 >10‰;直线转角钢管杆杆顶最大挠度>15‰;耐钢管杆杆顶最大挠度>24‰	10	40
		III	直线钢管杆杆顶最大挠度 7‰~10‰;直线转角钢管杆杆顶最大挠度 10‰~15‰;耐钢管杆杆顶最大挠度 22‰~24‰	8	32
		II	直线钢管杆杆顶最大挠度 5‰~7‰;直线转角钢管杆杆顶最大挠度 7‰~10‰;耐钢管杆杆顶最大挠度 20‰~22‰	4	16
铁塔、钢管塔主材弯曲情况	4	IV	主材弯曲度大于 7‰	10	40
		III	主材弯曲度 5‰~7‰	8	32
		II	主材弯曲度 2‰~5‰	4	16
杆塔横担歪斜情况	4	IV	歪斜度大于 10‰	10	40
		III	歪斜度 5‰~10‰	8	32
		II	歪斜度 1‰~5‰	4	16

续表

状态量	权重系数	状态程度	扣分标准	基本扣分	应扣分值
铁塔和钢管塔构件缺失、松动情况	4	Ⅳ	缺少大量小角钢和螺栓或较多节点板,螺栓松动 15% 以上,地脚螺母缺失	10	40
		Ⅲ	缺少较多小角钢和螺栓或个别节点板,螺栓松动 10%～15%	8	32
		Ⅱ	缺少少量小角钢和螺栓,螺栓松动 10% 以下;防盗防外力破坏措施失效或设施缺失	4	16
连接钢圈、法兰盘损坏情况	4	Ⅳ	钢管杆、混凝土杆连接钢圈焊缝出现裂纹	10	40
		Ⅲ	钢管杆、混凝土杆法兰盘个别连接螺栓丢失	8	32
		Ⅱ	钢管杆、混凝土杆连接钢圈锈蚀或法兰盘个别连接螺栓松动	4	16
铁塔、钢管杆(塔)锈蚀情况	4	Ⅳ	锈蚀很严重、大部分小角钢、螺栓和节点板剥壳	10	40
		Ⅲ	锈蚀较严重、较多小角钢、螺栓和节点板剥壳	8	32
		Ⅱ	镀锌层失效,有轻微锈蚀	4	16

续表

状态量	权重系数	状态程度	扣分标准	基本扣分	应扣分值
拉线锈蚀损伤情况	4	Ⅳ	断股、锈蚀截面＞17％；UT线夹任一螺杆上无螺帽；UT线夹锈蚀、损伤超过截面30％	10	40
		Ⅲ	断股、锈蚀7％～17％截面；UT线夹缺少两颗双帽；UT线夹锈蚀、损伤超过截面25％～30％	8	32
		Ⅱ	断股、锈蚀＜7％截面；摩擦或撞击；受力不均、应力超出设计要求；UT线夹被埋或安装错误，不满足调节需要或缺少一颗双帽；UT线夹锈蚀、损伤超过截面20％～25％；防盗防外力破坏措施失效或设施缺失	4	16
混凝土杆裂纹	4	Ⅳ	普通混凝土杆横向裂缝宽度大于0.4mm,长度超过周长2/3；纵向裂纹超过该段长度的1/2；保护层脱落、钢筋外露。预应力混凝土电杆及构件纵向、横向裂缝宽度大于0.3mm	10	40

状态量	权重系数	状态程度	扣分标准	基本扣分	应扣分值
混凝土杆裂纹	4	Ⅲ	普通混凝土杆横向裂缝宽度0.3～0.4mm,长度为周长1/3～2/3;纵向裂纹为该段长度的1/3～1/2;水泥剥落,严重风化。预应力混凝土电杆及构件纵向、横向裂缝宽度0.1～0.2mm	8	32
		Ⅱ	普通混凝土杆横向裂缝宽度0.2～0.3mm;预应力钢筋混凝土杆有裂缝,裂纹小于该段长度的1/3;水泥剥落,有风化现象。预应力混凝土电杆及构件纵向、横向裂缝宽度小于0.1mm	4	16

(3)导地线状态量评价标准

状态量	权重系数	状态程度	扣分标准	基本扣分	应扣分值
腐蚀、断股、损伤和闪络烧伤情况	4	Ⅳ	导线钢芯断股、损伤截面超过铝股或合金股总面积25%,地线7股断2股及以上、19股断3股及以上	10	40
		Ⅲ	导线损伤截面占铝股或合金股总面积7%～25%,地线7股断1股、19股断2股	8	32

续表

状态量	权重系数	状态程度	扣分标准	基本扣分	应扣分值
腐蚀、断股、损伤和闪络烧伤情况	4	Ⅱ	导线损伤截面不超过铝股或合金股总面积7%，地线19股断1股	4	16
		Ⅰ	铝、铝合金单股损伤深度小于股直径的1/2，导线损伤截面不超过铝股或合金股总面积5%，单金属绞线损伤截面积为4%及以下	2	8
异物悬挂情况	4	Ⅳ	导地线异物悬挂，危及安全运行	10	40
		Ⅲ	导地线异物悬挂，影响安全运行	8	32
		Ⅰ	导地线异物悬挂，但不影响安全运行	2	8
异常振动、舞动、覆冰情况	4	Ⅳ	舞动区段未采取防舞动措施；重冰区段未采取防冰闪措施	10	40
		Ⅱ	分裂导线鞭击、扭绞和粘连	4	16

状态量	权重系数	状态程度	扣分标准	基本扣分	应扣分值
弧垂	4	Ⅳ	弧垂偏差最大值 110kV 为 +10％以上、-5％以上,220kV 及以上为 +6％以上、-5％以上;相间弧垂偏差最大值: 110kV 为 400mm 以上,220kV 及以上线路为 500mm 以上;同相子导线弧垂偏差最大值:垂直排列双分裂导线为 +150mm 以上、-50mm 以上,其他排列形式分裂导线 220kV 为 130mm 以上,330kV 及以上为 100mm 以上	10	40
		Ⅱ	弧垂偏差最大值 110kV 为 +6％~10％、-2.5％~-5％, 220kV 及以上为 +3％~6％、 -2.5％~-5％;相间弧垂偏差最大值:110kV 为 200~400mm,220kV 及以上线路为 300~500mm;同相子导线弧垂偏差最大值:垂直排列双分裂导线为 +100~150mm、-0~50mm,其他排列形式分裂导线 220kV 为 80~130mm,330kV 及以上为 50~100mm	4	16

续表

状态量	权重系数	状态程度	扣分标准	基本扣分	应扣分值
跳线情况	4	IV	最大风偏下空气间隙不满足电气距离要求	10	40
OPGW 及其附件情况	3	IV	损伤、丢失	10	30
		II	松动、变形	4	12

（4）绝缘子串状态量评价标准

状态量	权重系数	状态程度	扣分标准	基本扣分	应扣分值
绝缘子铁帽、钢脚锈蚀情况	4	IV	绝缘子铁帽锌层严重锈蚀起皮；钢脚锌层严重腐蚀在颈部出现沉积物，颈部直径明显减少，或钢脚头部变形	10	40
		II	钢脚锌层损失，颈部开始腐蚀	4	16
复合绝缘子端部连接情况	4	IV	端部金具连接出现滑移或缝隙	10	40
		III	抽样检测发现端部密封失效	8	32
复合绝缘子芯棒护套和伞裙损伤情况	4	IV	复合绝缘子芯棒护套破损；伞裙多处严重破损或伞裙材料表面出现粉化、龟裂、电蚀、树枝状痕迹等现象	10	40
		II	伞裙有部分破损、老化、变硬现象	4	16

续表

状态量	权重系数	状态程度	扣分标准	基本扣分	应扣分值
锁紧销缺损情况	4	Ⅳ	锁紧销断裂、缺失、失效	10	40
		Ⅱ	锁紧销锈蚀、变形	4	16
绝缘子积污情况	4	Ⅳ	瓷或玻璃绝缘子表面盐密和灰密达到该绝缘子串在最高运行电压下能够耐受盐密和灰密值50％以上	10	40
		Ⅲ	瓷或玻璃绝缘子表面盐密和灰密为该绝缘子串在最高运行电压下能够耐受盐密和灰密值30％～50％以上	8	32
		Ⅱ	瓷或玻璃绝缘子表面盐密和灰密为该绝缘子串在最高运行电压下能够耐受盐密和灰密值20％～30％以上	4	16
瓷绝缘子零值和玻璃绝缘子自爆情况	4	Ⅳ	一串绝缘子中含有多只零值瓷绝缘子或玻璃绝缘子自爆情况，且良好绝缘子片数少于带电作业规定的最少片数（66kV 3 片，110kV 5 片，220kV 9 片，330kV 16 片，500kV 23 片，750kV 见 DL/T 1060 中表4之规定）。	10	40

续表

状态量	权重系数	状态程度	扣分标准	基本扣分	应扣分值
瓷绝缘子零值和玻璃绝缘子自爆情况	4	Ⅲ	一串绝缘子中含有多只零值瓷绝缘子或玻璃绝缘子自爆情况,但良好绝缘子片数大于或等于带电作业规定的最少片数(66kV 3 片,110kV 5 片,220kV 9 片,330kV 16 片,500kV 23 片,750kV 见 DL/T 1060 中表 4 之规定)	8	32
		Ⅱ	一串绝缘子中含有单只零值瓷绝缘子或玻璃绝缘子自爆情况	4	16
复合绝缘子憎水性	3	Ⅳ	憎水性 HC6 级及以下	10	30
		Ⅱ	憎水性 HC4～HC5 级	4	12
		Ⅰ	憎水性 HC2～HC3 级	2	6
招弧角及均压环损坏情况	3	Ⅳ	招弧角及均压环严重锈蚀、损坏、移位	10	30
		Ⅱ	招弧角及均压环部分锈蚀、烧蚀	4	12
绝缘子串倾斜情况	2	Ⅲ	悬垂绝缘子串顺线路方向的偏斜角(除设计要求的预偏外)大于10°,且其最大偏移值大于350mm,绝缘横担端部偏移大于130mm	8	16

状态量	权重系数	状态程度	扣分标准	基本扣分	应扣分值
绝缘子串倾斜情况	2	Ⅱ	悬垂绝缘子串顺线路方向的偏斜角(除设计要求的预偏外)7.5°～10°,且其最大偏移值300～350mm,绝缘横担端部偏移100～130mm	4	8
瓷绝缘子釉面破损情况	2	Ⅳ	瓷件釉面出现多个面积200mm² 以上的破损或瓷件表面出现裂纹	10	20
		Ⅱ	瓷件釉面出现单个面积200mm² 以上的破损或多个面积较小的破损	4	8

(5)金具状态量评价标准

状态量	权重系数	状态程度	扣分标准	基本扣分	应扣分值
金具变形情况	4	Ⅳ	变形影响电气性能或机械强度	10	40
		Ⅱ	变形不影响电气性能或机械强度	4	16

续表

状态量	权重系数	状态程度	扣分标准	基本扣分	应扣分值
金具锈蚀、磨损情况	4	IV	锈蚀、磨损后机械强度低于原值的70%,或连接不正确,产生点接触磨损	10	40
		II	锈蚀、磨损后机械强度低于原值的70%～80%	4	16
金具裂纹情况	4	IV	出现裂纹	10	40
锁紧销(开口销、弹簧销等)缺损情况	4	IV	断裂、缺失、失效	10	40
		II	锈蚀、变形	4	16
接续金具情况	4	IV	导地线出口处断股、抽头或位移,金具有裂纹;螺栓松动,相对温差≥80%或相对温升>20℃	10	40
		II	外观鼓包、烧伤、弯曲度大于2%,相对温差35%～80%或相对温升10～20℃	4	16
间隔棒缺损和位移情况	3	IV	间隔棒缺失或损坏	10	30
		II	间隔棒安装或连接不牢固,出现松动、滑移等现象	4	12
重锤缺损情况	2	IV	重锤缺损影响导线和跳线风偏	10	20
		I	重锤锈蚀	4	8

续表

状态量	权重系数	状态程度	扣分标准	基本扣分	应扣分值
防舞鞭位移情况	2	Ⅳ	位移较大,影响防舞效果	10	20
		Ⅱ	发生轻微位移	4	8
地线绝缘子放电间隙	2	Ⅳ	间隙断开或短接的	10	20
		Ⅱ	间隙与标准值偏差20%以上	4	8
防振锤缺损情况	2	Ⅳ	防振锤滑移、脱落	10	20
		Ⅱ	防振锤锈蚀	4	8
预绞丝护线条损坏情况	1	Ⅱ	预绞丝护线条发生较大位移或断股、破损严重	4	4
		Ⅰ	预绞丝护线条发生轻微位移或断股、破损轻微	2	2
阻尼线位移情况	1	Ⅱ	发生位移较大,影响防振效果的	4	4
		Ⅰ	发生轻微位移,不影响防振效果的	2	2

(6)接地装置状态量评价标准

状态量	权重系数	状态程度	扣分标准	基本扣分	应扣分值
接地引下线连接情况	3	Ⅳ	连续三基及以上接地引下线断开	10	30
		Ⅲ	连续二基接地引下线断开	8	24
		Ⅱ	一基接地引下线断开	4	12

续表

状态量	权重系数	状态程度	扣分标准	基本扣分	应扣分值
接地电阻值	3	Ⅳ	连续三基及以上大于规定值	10	30
		Ⅲ	连续二基大于规定值	8	24
		Ⅱ	一基大于规定值	4	12
接地引下线锈蚀、损伤情况	2	Ⅳ	直径小于60%设计值	10	20
		Ⅲ	直径为60%～80%设计值	8	16
		Ⅰ	直径为80%～90%设计值	2	4
接地体埋深	2	Ⅳ	埋深小于40%设计值,或接地体外露	10	20
		Ⅱ	埋深为40%～60%设计值	4	16
		Ⅰ	埋深为60%～80%设计值	2	4

(7)附属设施状态量评价标准

状态量	权重系数	状态程度	扣分标准	基本扣分	应扣分值
杆号牌缺损情况	2	Ⅳ	标识牌与设备名称不一致的	10	20
		Ⅱ	标识牌丢失或该设标志而未设的;同杆多回线路无色标标示	4	8
		Ⅰ	标识牌破损,字迹不清的	2	4
防雷设施损坏情况	2	Ⅲ	防雷设施损坏、变形或缺损	8	16
在线监测装置缺损情况	2	Ⅲ	在线监测装置安装不牢、缺损	8	16

状态量	权重系数	状态程度	扣分标准	基本扣分	应扣分值
防鸟设施损坏情况	1	Ⅲ	防鸟装置未安装牢固、损坏、变形严重或缺失	8	8
爬梯、护栏缺损情况	1	Ⅲ	爬梯、护栏缺损	8	8
附属通信设施缺损情况	1	Ⅲ	附属通信设施安装不牢、缺损	8	8

(8)通道环境状态量评价标准

状态量	权重系数	状态程度	扣分标准	基本扣分	应扣分值
交跨距离	4	Ⅳ	各类杆线、树木以及建设的公路、桥梁等对架空输电线路的交跨距离小于80%规定值	10	40
		Ⅲ	架空输电线路对下方各类杆线、树木以及建设的公路、桥梁等交跨距离为80%～90%规定值	8	32
		Ⅱ	架空输电线路对下方各类杆线、树木以及建设的公路、桥梁等交跨距离为90%～100%规定值	4	16

续表

状态量	权重系数	状态程度	扣分标准	基本扣分	应扣分值
通道树木、建筑情况	4	Ⅳ	架空输电线路保护区大面积种植高大乔木树;线路通道违章建房;在杆塔与拉线之间修筑道路	10	40
		Ⅲ	超高树木倒向线路侧时不能满足安全距离者;架空输电线路保护区外建房、因超高有可能发生高空落物砸向导线	8	32
		Ⅱ	架空输电线路保护区零星种植树木,近年对电网不构成威胁	4	16

3. 线路单元状态量扣分标准

在确定线路单元状态量扣分时应对整条线路所有同类设备的状态进行评价(见表 4-5),但某状态量在线路不同地方出现多处扣分,不应将多处扣分进行累加,只取其中最严重的扣分作为该状态的扣分。

表 4-5　线路单元评价标准

状态	正常状态		注意状态		异常状态	严重状态
线路单元	合计扣分	单项扣分	合计扣分	单项扣分	单项扣分	单项扣分
基础	＜14	≤10	≥14	12～24	30～32	40
杆塔	/	≤10	/	12～24	30～32	40
导地线	＜16	≤10	≥16	12～24	30～32	40
绝缘子	＜14	≤10	≥14	12～24	30～32	40
金具	＜24	≤10	≥24	12～24	30～32	40
接地装置	/	≤10	/	12～24	30～32	40
附属设施	＜24	≤10	≥24	12～24	30～32	40
通道环境	/	≤10	/	12～24	30～32	40

当整条线路所有单元评价为正常状态且未出现表中所列的状况时，则该条线路总体评价为正常状态。

当所有单元评价为正常状态时，但出现线路注意状态情况如表 4-6 中所列的状况之一，则该条线路总体评价为注意状态。

表 4-6　线路注意状态情况列表

状态量	状态量描述
钢筋混凝土杆裂纹情况	10％以上的钢筋混凝土杆出现轻微裂纹情况
铁塔锈蚀情况	10％以上的铁塔出现轻微锈蚀情况
塔材紧固情况	3 基以上塔材出现松动情况
导地线锈蚀或损伤情况	导地线出现 5 处以上的轻微锈蚀或损伤情况

续表

状态量	状态量描述
外绝缘配置与现场污秽度适应情况	外绝缘配置与现场污秽度不相适应,有效爬电比距比污区图要求值低 3mm/kV
盘形悬式绝缘子劣化情况	年劣化率大于 0.1%
复合绝缘子缺陷情况	早期淘汰工艺制造的复合绝缘子
连接金具家族性缺陷情况	由于设计或材料缺陷在运行中发生过故障
线路设计缺陷情况	线路设计考虑不周,致使线路多次发生同类故障或存在安全隐患

当任一线路单元状态评价为注意状态、异常状态或严重状态时,架空输电线路总体状态评价应为其中最严重的状态。

在完成评估之后填写完成线路单元状态评级及线路状态评估报告,表 4-7 单仅供参考。

表 4-7 基础状态评价报告

××供电公司 220kV××线基础状态评价报告			
线路长度	80.764	基础数量	214
基础状态量扣分情况及状态描述			
状态量名称	扣分值	(班组)扣分理由	工区审核
杆塔基础表面损坏情况	0	1) 2)	

续表

拉线基础埋深	0	1) 2)	
拉线棒锈蚀情况	0	1) 2)	
基础护坡及防洪设施损坏情况	0	1) 2)	
杆塔基础保护范围内基础表面取土情况	0	1) 2)	
防碰撞措施	0	1) 2)	
金属基础锈蚀情况	0	1) 2)	
基础立柱淹没情况	0	1)	

基础状态量扣分情况统计

单项最大扣分	0	合计扣分	0

基础状态评价结果：

□正常状态　　□注意状态　　□异常状态　　□严重状态

评价时间：		年　月　日	
班组评价人：		班组审核：	
工区评价建议	修订意见		
	修订状态		
专责评价人		主管主任审核	
评价时间	年　月　日		

杆塔状态评价报告

××供电公司220kV××线线路杆塔状态检修评价报告

线路长度		杆塔数量	

基础状态量扣分情况及状态描述

状态量名称	扣分值	（班组）扣分理由	工区审核
杆塔倾斜情况	0	1) 2)	
钢管杆杆顶最大挠度	0	1) 2)	
铁塔、钢管塔主材弯曲情况	0	1) 2)	
杆塔横担歪斜情况	0	1) 2)	
铁塔和钢管塔构件缺失、松动情况	0	1) 2)	
连接钢圈、法兰盘损坏情况	0	1) 2)	
铁塔、钢管杆（塔）锈蚀情况	0	1) 2)	
拉线锈蚀损伤情况	0	1) 2)	
混凝土杆裂纹	0	1) 2)	

杆塔状态量扣分情况统计

单项最大扣分		合计扣分	

110

续表

基础状态评价结果:

□正常状态 □注意状态 □异常状态 □严重状态

评价时间:	年 月 日	
班组评价人:	班组审核:	
工区评价建议	修订意见	
	修订状态	
专责评价人	主管主任审核	
评价时间	年 月 日	

导地线状态评价报告

××供电公司220kV××线线路导地线状态检修评价报告

导线型号		地线型号	
导线耐张段数量		地线耐张段数量	
导线接头数量		地线接头数量	

导地线状态量扣分情况及状态描述

状态量名称	扣分值	(班组)扣分理由	工区审核
腐蚀、断股、损伤和闪络烧伤情况			
异物悬挂情况			
异常震动、舞动、覆冰情况			

续表

弧垂			
跳线情况			
OPGW 及其附件情况			

导地线状态量扣分情况统计

单项最大扣分		合计扣分	

基础状态评价结果：

□正常状态　□注意状态　□异常状态　□严重状态

评价时间：　　年　月　日

班组评价人：		班组审核：	
工区评价建议	修订意见		
	修订状态		
专责评价人		主管主任审核	
评价时间	年　月　日		

绝缘子串状态评价报告

××供电公司 220kV××线线路绝缘子状态检修评价报告

绝缘子形式	绝缘子串数量	有效爬电比距	所在地区污秽等级
盘型瓷绝缘子串			
长棒型瓷绝缘子			
玻璃绝缘子			

续表

复合绝缘子			

绝缘子串状态量扣分情况及状态描述

状态量名称	扣分值	(班组)扣分理由	工区审核
绝缘子铁帽、钢脚锈蚀情况			
复合绝缘子端部连接情况			
复合绝缘子芯棒护套和伞裙损伤情况			
绝缘子积污情况			
复合绝缘子憎水性			
瓷瓶绝缘子零值和玻璃瓶子自爆情况			
招弧角及均压环损坏情况			
绝缘子串倾斜情况			
瓷绝缘子釉面破损情况			

绝缘子串状态量扣分情况统计

单项最大扣分		合计扣分	

基础状态评价结果:

□正常状态　　□注意状态　　□异常状态　　□严重状态
评价时间:　　年　月　日
班组评价人:　　　　　　班组审核:

续表

工区评价建议	修订意见	
	修订状态	
专责评价人		主管主任审核	
评价时间	年　月　日	

金具状态评价报告

××供电公司220kV××线线路金具状态检修评价报告

金具状态量扣分情况及状态描述

状态量名称	扣分值	（班组）扣分理由	工区审核
金具变形情况			
金具锈蚀、磨损情况			
金具裂纹情况			
锁紧销（开口销、弹簧销等）缺损情况			
接续金具情况			
间隔棒缺损和移位情况			
重锤缺损情况			
防舞动鞭移位情况			
地线绝缘子放电间隙			
防震锤缺损情况			
预绞丝护线条损坏情况			
阻尼线移位情况			

续表

金具状态量扣分情况统计			
单项最大扣分		合计扣分	

基础状态评价结果：

□正常状态　　□注意状态　　□异常状态　　□严重状态

评价时间：　　年　月　日

班组评价人：		班组审核:张××	
工区评价建议	修订意见		
	修订状态		
专责评价人		主管主任审核	
评价时间	年　月　日		

接地装置状态评价报告

××供电公司220kV××线线路接地装置状态检修评价报告

接地装置状态量扣分情况及状态描述

状态量名称	扣分值	（班组）扣分理由	工区审核
接地引下线连接情况			
接地电阻值			
接地引下线锈蚀、损伤情况			
接地体埋深情况			

续表

接地装置状态量扣分情况统计			
单项最大扣分		合计扣分	

基础状态评价结果：

□正常状态　　□注意状态　　□异常状态　　□严重状态

评价时间：　　年　月　日	
班组评价人：	班组审核：

工区评价建议	修订意见	
	修订状态	
专责评价人		主管主任审核
评价时间	年　月　日	

附属设施状态评价报告

××供电公司 220kV××线线路附属设施状态检修评价报告

附属设施状态量扣分情况及状态描述

状态量名称	扣分值	（班组）扣分理由	工区审核
杆号牌缺损情况			
防雷设施损坏情况			
在线监测装置缺损情况			
防鸟设施损坏情况			

续表

爬梯、护栏缺损情况			
附属通信设施缺损情况			

附属设施状态量扣分情况统计

单项最大扣分		合计扣分	

基础状态评价结果：

□正常状态 □注意状态 □异常状态 □严重状态

评价时间： 年 月 日

班组评价人：		班组审核：	
工区评价建议	修订意见		
	修订状态		
专责评价人		主管主任审核	
评价时间	年 月 日		

通道环境状态评价报告

××供电公司 220kV××线线路通道环境状态检修评价报告

通道环境状态量扣分情况及状态描述

状态量名称	扣分值	（班组）扣分理由	工区审核
交叉距离			
通道内树木、建筑情况			

续表

<table>
<tr><td colspan="4" align="center">通道环境状态量扣分情况统计</td></tr>
<tr><td>单项最大扣分</td><td></td><td>合计扣分</td><td></td></tr>
</table>

基础状态评价结果：

<table>
<tr><td colspan="4" align="center">□正常状态　　□注意状态　　□异常状态　　□严重状态</td></tr>
<tr><td colspan="4" align="center">评价时间：　　年　月　日</td></tr>
<tr><td>班组评价人：</td><td></td><td>班组审核：</td><td></td></tr>
<tr><td rowspan="2">工区评价建议</td><td>修订意见</td><td colspan="2"></td></tr>
<tr><td></td><td align="center">修订状态</td><td></td></tr>
<tr><td>专责评价人</td><td></td><td>主管主任审核</td><td></td></tr>
<tr><td>评价时间</td><td colspan="3">年　月　日</td></tr>
</table>

国家电网公司架空输电线路状态评价报告

×××供电公司×××线国家电网公司架空输电线路状态评价报告

<table>
<tr><td rowspan="6">线路资料</td><td>线路长度</td><td></td><td>杆塔数量</td><td></td></tr>
<tr><td>导线型号</td><td></td><td>避雷线型号</td><td></td></tr>
<tr><td>绝缘子型号</td><td></td><td>投运日期</td><td></td></tr>
<tr><td>设计单位</td><td></td><td>施工单位</td><td></td></tr>
<tr><td>备注</td><td colspan="3"></td></tr>
</table>

线路单元状态评价结果

线路单元	基础	杆塔	导地线	绝缘子串	金具	接地装置	附属设施	通道环境
状态								

续表

线路注意 状态列表	钢筋混凝土杆裂纹情况	
	铁塔锈蚀情况	
	塔材紧固情况	
	导地线锈蚀或损伤情况	
	外绝缘配置与现场污秽度 适应情况	
	盘型悬式绝缘子劣化情况	
	复合绝缘子缺陷情况	
	连接金具家族性缺陷情况	
	线路设计缺陷情况	

总体状态评价结果:

□正常状态　　□注意状态　　□异常状态　　□严重状态

扣分状态 量描述	通道环境:交跨距离—架空输电线路对下方各类杆线、树木以及建设的公路、桥梁等交跨距离为 90%～100% 规定值(扣 16 分); 通道环境:通道内树木、建筑情况—架空输电线路保护区内零星种植树木,近年内对电网不构成威胁(扣 16 分)
处理建议	班组建议尽快安排检修消缺,对线下树木进行清理砍伐。

评价时间:　　　年　月　日

评价人:	审核:

第四节 线路设备风险评估

1. 输电线路设备风险评估的重要性

随着国内外经济的迅速发展,国民经济与人民生活愈加依赖于电力系统,当今社会,电网运行的安全性、稳定性与可靠性直接关系着经济发展与社会正常运行,在电力产业规模不断增加、电网结构日趋复杂的形势下,对电力系统自身的安全管理显得尤为重要。

电力系统安全管理具体涉及电网安全、电力设备安全与员工及其他人员人身安全三方面,在当今电力企业中,建立更为行之有效的管理体制、新技术的引入、更加规范企业内部人员操作技能与规程、员工定期培训等方式,都在一定程度上提高了安全性,保证电网更加安全稳定运行。而随着信息化与智能化时代的来临,面对越来越复杂的电网运行环境,深入了解与掌握当前电网所可能面临的风险,对风险的概率进行评估,并针对潜在风险提前采取一些有效防控与管理措施,从而降低风险发生的概率,对提高电力系统安全性与降低人身事故概率等方面都有着重要意义。

　　风险评估的目的是为了决策,决策时风险和收益必须综合考虑。开展设备风险评估,不但技术上有更新,观念也必须进行改变。风险评估需要大量现场设备信息的支撑,设备风险需要同时考虑设备自身风险和其导致的风险,其大小由后果及其发生概率决定,设备风险评估和状态检修决策有一个逐步完善的过程。(见图 4-6)

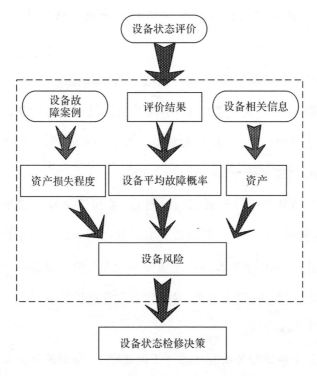

图 4-6　设备风险评估和状态检修决策

设备风险评估与状态评价、检修决策并列,是实现状态检修最终目标的重要手段。

在新形势下,随着信息化与智能化的不断发展,风险评估在电力系统风险管理中也扮演着更加重要的角色。针对评估工作,无论从技术还是管理方面,都对电力企业有着新的更高要求。

2. 输电线路设备风险评估相关专业术语

· 运行分析

是指根据设备设计、出厂监造、安装调试、运行、检修、技术监督情况,对不同生产厂家、不同类型的设备的运行状况开展的统计、归纳、诊断、总结、建档等工作。

· 状态评价

是指基于运行巡视、维护、检修、预防性试验和带电测试(在线监测)等结果,对反映设备健康状态的各状态量指标进行分析评价,从而确定设备状态等级与状态分值。设备状态等级分为:正常状态、注意状态、异常状态和严重状态。

· 风险评估

是指在运行分析及状态评价的基础上,分析设备故障发生的可能性,同时结合后果的严重程度,评估设备面临的和可能导致的风险,并确定设备的风险等级。

· 设备风险

是指设备未来状态和结果的不确定性,即由于设备原因导致有害事件发生的可能性及其后果的组合。

$$R(t) = A(t) \times F(t) \times P(t)$$

式中:t——某个时刻(Time);

A——资产(Assets);

F——资产损失程度(Failure);

P——设备平均故障率(Probability);

R——设备风险值(Risk)。

其定义为资产(A)与资产损失程度(F)、事故发生概率(P)的乘积,用 R 表示。

设备风险评估的等级从高到低分为:Ⅰ/Ⅱ/Ⅲ/Ⅳ级。

· 风险概率

是指统计时间内风险发生的可能性大小,用 P 表示,单位为次/百台年(或次/百公里年)。

· 风险事件

风险事件是指风险未被系统识别并有效控制而导致风险后果成为现实的事件。

3. 设备风险评估流程

风险评估包括风险识别、风险分析、风险评价三个基本内容。在状态评价之后进行，通过风险评估，确定设备面临的和可能导致的风险，为设备检修运维策略提供依据。

风险评估关键步骤包括风险识别、风险概率与风险后果计算、风险值计算和风险评价等几个环节。其关键输入包括：状态评价结果、设备/部件成本统计数据、设备面临的和可能导致的风险等。具体流程如图 4-7 所示：

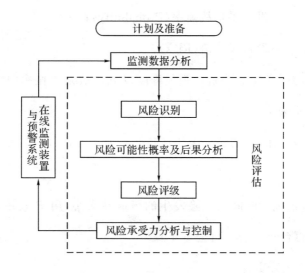

图 4-7 风险评估工作流程

设备风险评估应分析设备故障可能造成的后果(损失)和故障发生的可能性(概率),进而综合评估设备风险的大小和确定设备风险的等级。在设备风险评估量化过程中将可能造成的后果(损失)和故障发生概率的乘积作为定级的依据。

风险评估所需要的初始信息:

1) 设备状态评价结果(设备状态评价等级与分值);

2) 设备故障案例(设备故障、损失程度及可能性);

3) 设备相关信息,包括设备台账、电网结构及供电用户信息。

计算获得设备风险值后,根据风险值大小可以确定设备风险级别。通过制定相应的运维策略,使不可接受的风险下降到可接受风险水平。对原始风险等级较高的设备在执行维修策略后应进行设备状态及风险后评估,实现设备风险的闭环管理。

4. 设备资产计算

设备资产评估考虑设备价值、用户等级和设备地位三个因素。

$$A = \sum_{i=1}^{3} W_{Ai} A_i$$

式中:i——1-设备价值,2-用户等级,3-设备地位;

W_{Ai}—— 资产因素的权重；

A_i—— 某个资产因素；

A—— 资产。

1)资产等级划分

如第一次开展设备风险评估工作,风险评估数学模型所涉及的基本参数均需进行设定或计算。为充分反映设备的固有成本以及损坏后的维修或更换成本,专家组针对不同电压等级的输电线路统一规定划分标准。

· 设备价值(A1)

设备价值根据设备的电压等级划分,可直接反映设备固有成本以及损坏后的维修或更换成本。设备价值分为三级,具体取值时,变压器(电抗器)、无功补偿装置和输电线路考虑容量的影响,GIS和断路器考虑额定电流、开断电流的影响。

例如(见表 4-8):

表 4-8 输电线路设备价值划分原则

电压等级(kV)	A1 取值
35	3
110	6
220	10

· 用户等级（A2）

用户等级根据设备所在变电站所供负荷对国民经济和社会发展的重要程度划分为三级。无直接用户变电站的用户等级参照直接降压供电的变电站。

一级用户：

(1)中断供电时将造成人身伤亡。

(2)中断供电时将在经济上造成重大损失。例如：重大设备损坏、重大产品报废；用重要原料生产的产品大量报废；国民经济中重点企业的连续生产过程被打乱，需要长时间才能恢复等。

(3)中断供电时将影响到有重大政治、经济意义的用电单位的正常工作。例如：重要交通枢纽、重要通信枢纽、重要宾馆、大型体育场馆、经常用于国际活动的大量人员集中的公共场所等用电单位中的重要负荷。

二级用户：

(1)中断供电时将在经济上造成较大损失。例如：主要设备损坏、大量产品报废；连续生产过程被打乱，需较长时间才能恢复；重点企业大量减产等。

(2)中断供电将影响重要单位的正常工作。例如：交通枢纽、通信枢纽等用电单位中的重要电力负荷,以及中断供电将造成大型影剧院、大型商场等较多人员集中的重要的公共场所秩序混乱等。

(3)三级用户不属于一级和二级的用户。

A2 取值要根据输电线路所带变电站的重要程度来划分。可参考表 4-9。

表 4-9 A2 取值不同等压等级线路

线路及电压等级	用户等级	A2 取值	备注
35kV 线路	三级用户	3	
110kV 线路	二级用户	6	含部分 35kV 线路
220kV 线路	一级用户	10	含部分 110kV 线路

· 设备地位(A3)

设备地位根据设备所在变电站在电网中的重要度划分,叮分为系统枢纽变电站、地区重要变电站和一般变电站,同时考虑根据变电站网架结构是否满足 $N-1$ 的要求。

系统枢纽变电站:系统枢纽变电站汇集多个大电源和大容量联络线,在系统中处于枢纽地位,高压侧系统间功率交换容量比较大,并向中压侧输送大量电能。全站停电后,将使系统稳定破坏,电网瓦解,造成大面积停电。

地区重要变电站:地区重要变电站位于地区网络的枢纽点,高压侧以交换或接受功率为主,向地区的中压侧和附近的低压侧供电。全站停电后,将引起地区电网瓦解,影响整个地区供电。

一般变电站:除以上两种之外的其他变电站。

5. 资产损失程度计算

资产损失程度由成本、环境和安全三个要素的损失程度确定,其中安全损失程度由人身安全和电网安全两个子要素的损失程度构成。

$$F_j = \sum_{k=1}^{3} IOF_{jk} \times POF_{jk}$$

式中:j——1- 成本,2- 环境,3- 人身安全,4- 电网安全;

　　　k——要素损失等级;

　　　IOF_{jk}——某一等级下的要素损失值;

　　　POF_{jk}——某一等级下的要素损失概率;

　　　F_j——某一要素的损失程度。

· 要素损失值 IOF

等级划分参考国网公司的导则推荐值,如表 4-10 所示。

表 4-10 要素损失值 *IOF* 的取值

等级	要素损失等级							
	成本		环境		安全			
					人身		电网	
	损失描述	取值范围 $IOFM1K$	损失描述	取值范围 IOF_2K	损失描述	取值范围 IOF_3K	损失描述	取值范围 IOF_4K
1	一般设备损坏事故	3	轻度污染	3	一般人身事故	7	一般电网事故	4
2	重大设备损坏事故	6	中度污染	6	重大人身事故	9	重大电网事故	7
3	特大设备损坏事故	9	严重污染	9	特大人身事故	10	特大电网事故	10

- 要素损失概率 *POF*

要素损失概率 *POF*(Probability of Failure)需对大量历史数据统计分析而得到。可根据所辖电网的实际情况进行统计分析,并在应用中不断加以修正和调整。在缺少统计结果的情况下,要素损失概率参考表 4-11 设定。

表 4-11

序号	设备类型	概率											
		成本 POF_1K			环境 POF_2K			安全						
								人身 POF_3K			电网 POF_4K			
		1	2	3	1	2	3	1	2	3	1	2	3
		一般设备损坏事故	重大设备损坏事故	特大设备损坏事故	轻度污染	中度污染	严重污染	一般人身事故	重大人身事故	特大人身事故	一般电网事故	重大电网事故	特大电网事故
1	变压器	12.5%	8.3%	0.0%	8.3%	2.8%	0.0%	0.0%	0.0%	0.0%	2.8%	0.0%	0.0%
2	断路器	12.5%	8.3%	0.0%	8.3%	2.8%	0.0%	0.0%	0.0%	0.0%	2.8%	0.0%	0.0%

6. 设备平均故障率

设备平均故障率的计算中,需要用到比例系数 K 和曲率系数 C。依据设备状态,而不是设备运行时间。可利用国家电网公司《输变电设备状态评价导则》对设备进行打分统计风险评估周期内的平均故障率,参照表 4-12。

表 4-12　比例系数 K 和曲率系数 C 取值

设备类型	K	C
输电线路	8640	0.15958

7. 设备风险评估报告

设备风险评估报告参考样板如表 4-13。

表 4-13

编制：　　　　　　　　　审核：本单位状态检修专责人

220kV 青中线			
基本参数			
线路长度	91.144	杆塔数量	222
导线型号	JGJQ-400，LGJ-300，LGJ-300	避雷线型号	GJ-50 OPGW-50
绝缘子型号	U70BP/146D U100BP/146 FXBW-220/100	投运日期	2010/1/30
设计单位	×××电力设计院	施工单位	×××电力工程有限责任公司
备注			
资产评估			
设备价值:6			
用户等级:3			
设备地位:4			
资产因素	设备价值 A1	用户等级 A2	设备地位 A3	资产 A
取值	6	3	4	4.5

资产损失程序评估安全				
要素	成本 F1	环境 F2	安全	资产损失程度 F
			人身 F3 电网 F4	
计算值	0.873	0.417	0.112	0.4774

设备故障率计算			
缺陷情况	无		
设备状态评价分值	K	C	设备故障率 P
97	8640	0.15958	0.16%
风险值	0.00903878		

评估结果	
设备风险值:0.00903878	

第五节　线路状态检修策略与计划制订

线路状态检修策略既包括年度检修计划的制订,也包括缺陷处理、试验、不停电的维护等。检修策略应根据线路状态评价的结果动态调整。

年度检修计划每年至少修订一次。根据最近一次线路状态评价结果,参考线路风险评估因素,并参考厂家的要求,确定下一次停电检修时间和检修类别。在安排检修计划时,应协调相关变电设备的检修周期,尽量统一安排,避免重复停电。对于线路缺陷,应根据缺陷性质,按照有关缺陷管理规定处理。同一线路存在多种缺陷,也应尽量安排在一次检修中处理,必要时,可调整检修类别。

C类检修正常周期宜与试验周期一致。不停电维护和试验根据实际情况安排。对于可用带电作业处理的检修或消缺宜安排D类检修。根据线路评价结果,制定相应的检修策略,线路检修策略见表4-14。

表 4-14　线路检修策略表

线路状态	推荐策略			
	正常状态	注意状态	异常状态	严重状态
检修策略	见 1	见 2	见 3	见 4
推荐周期	正常周期或延长一年	不大于正常周期	适时安排	尽快安排

1."正常状态"检修策略

被评价为"正常状态"的线路,执行 C 类检修。根据线路实际状况,C 类检修可按照正常周期或延长一年执行。在 C 类检修之前,可以根据实际需要适当安排 D 类检修。

2."注意状态"检修策略

被评价为"注意状态"的线路,若用 D 类或 E 类检修可将线路恢复到正常状态,则可适时安排 D 类或 E 类检修,否则应执行 C 类检修。如果单项状态量扣分导致评价结果为"注意状态"时,应根据实际情况提前安排 C 类检修。如果仅由线路单元所有状态量合计扣分或总体评价导致评价结果为"注意状态"时,可按正常周期执行,并根据线路的实际状况,增加必要的检修或试验内容。

3."异常状态"检修策略

被评价为"异常状态"的线路,根据评价结果确定检修类型,并适时安排检修。

4."严重状态"的检修策略

被评价为"严重状态"的线路,根据评价结果确定检修类型,并尽快安排检修。

第六节　状态检修绩效评估

1. 绩效评估的定义

绩效评估是指运用科学的标准、方法和程序,对企业实施输变电设备状态检修的体系运作的有效性、策略的适应性以及目标实现程度评价。

2. 绩效评估的作用及内容

绩效评估是指为了准确评价设备实施状态检修策略后的成绩与效果,发现在执行过程中存在的主要问题,以期更好地开展状态检修工作。

输变电设备状态检修绩效评估应侧重于对状态检修的管理体系、技术体系以及标准体系运转的有效性的评价,重点突出实施状态检修策略后企业在提高设备可靠性与降低维修成本方面的效果。

输变电设备状态检修绩效评估,除要关注指标的短期波动外,更应注重对中长期绩效的分析。

生产管理部门应结合实际情况,在经公司生产管理部门确认的前提下,对绩效评估的各项指标进行细化和动态修订,明确各项指标在不同时期不同阶段的目标值,以规避由于电网、设备及技术水平差异带来的不平衡性。

绩效评估工作应遵循"贵在真实,重在改进"的原则。

各供电公司应根据绩效评估的结果,特别是对较差的指标制定有针对性的改进措施,从而实现输变电设备状态检修的动态管理和持续改进。

3. 评估依据

· 国家有关法律法规、政策;

· 国家电网公司、网省公司状态检修相关标准和管理规定;

· 电网企业运行、检修、安全、财务等方面相关报告和数据。

4. 评估办法

状态检修绩效评估采用自评、检查、审核相结合的方式。

各供电公司状态检修绩效自评估主要采用分项和综合评分的方法,每年按变压器(含高压电抗器)、断路器(含 GIS)、输电线路和其他变电设备(互感器、避雷器、隔离开关等)按状态评价的有效性、检修策略的正确性、计划实施、检修效果、检修效益进行分项评分,最后依据各分类权重计算出整体评估结果。

5. 绩效评估指标

绩效评估主要从状态评价的有效性、检修策略的正确性、计划实施、检修效果和检修效益五个方面进行综合评估(见图 4-7)。

具体指标分解、评估内容、评估方法和评分规则可参考《输电线路状态检修绩效评估评分表》(见表 4-15)。

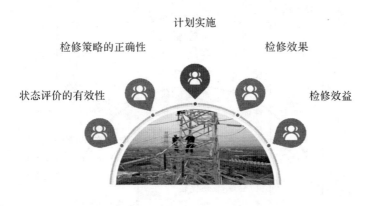

图 4-7　绩效评估指标体系

表 4-15 输电线路状态检修绩效评估评分表

评估项目	分项名称	评价内容	评价方法	评分规则	实际得分	扣分说明
一、状态评价的有效性（20分）	1. 设备实际状态与实际结果的比较	设备投运前性能评价	依据《国网公司输变电设备状态评价标准》审查设备出厂、安装、检修、交接试验等基础技术文件，与设备投运后实际状态进行逐台比较	符合率 90% 及以上得 0.96～1 分；符合率 80% ～90% 得 0.4 ～0.8 分；符合率 80% 以下得 0 ～ 0.3 分		
		设备运行维护性能评价	依据《国网公司输变电设备状态评价标准》审查设备运行维护状态评价相关技术文件，并逐台与设备的实际状态比较	符合率 90% 及以上得 1.5 ～2 分；符合率 80% ～ 90% 得 0.8～1.4分；符合率 80% 以下得 0 ～ 0.7 分		

评估项目	分项名称	评价内容	评价方法	评分规则	实际得分	扣分说明
		设备运行环境分析评价	审查设备运行的系统参数及变化趋势,并与设备实际性能参数比较,包括污秽等级、短路容量、负荷情况等	符合率90%及以上得0.9～1分; 符合率80%～90%得0.5～0.8分; 符合率80%以下得0～0.4分		
2.设备状态量的确定		一般参量对设备性能的包容性	审查检修、试验、运行等记录文件,针对特征参量	包含率在90%及以上得1.5～2分; 包含率80%～90%得1～1.4分; 包含率80%以下得0～0.9分		
		特征参量对故障和缺陷特性的表达性	审查检修、试验、运行等记录文件,针对特征参量逐台与设备实际状况比较	包含率在90%及以上得1.5～2分; 包含率80%～90%得1～1.4分; 包含率80%以下得0～0.9分		

续表

评估项目	分项名称	评价内容	评价方法	评分规则	实际得分	扣分说明
3. 状态检修试验规程		试验项目完备性	审查试验报告验证试验项目是否能够全面反映设备的实际状态	完备得 1.5～2 分；基本完备得 1～1.4 分；部分不能满足得 0～0.9 分		
		标准指数值科学合理性	审查试验报告验证标准确定的指标值是否能够全面反映设备的实际状态	科学合理得 2 分；反映特征参量的指标值 1 项不合理得 1.5 分；反映特征参量的指标值 2 项及以上不合理得 1 分		
4. 状态参量的采集		检修状态信息采集的有效性	审查检修状态信息采集流程、内容和方法是否合理，并能全面反映设备实际状态	合理有效得 0.8～1 分；部分合理得 0.5～0.7 分；无效得 0 分		

评估项目	分项名称	评价内容	评价方法	评分规则	实际得分	扣分说明
		试验状态信息采集的有效性	审查试验状态信息采集流程、内容和方法是否合理,并能全面反映设备实际状态	合理有效得1.5~2分;部分合理得0.4~0.8分;无效得0分		
		运行状态信息采集的有效性	审查运行状态信息采集流程、内容和方法是否合理,并能够全面反映设备的实际状态	合理有效得1.5~2分;部分合理得0.4~0.8分;无效得0分		
	5. 检测手段有效性	检测手段应准确有效	审查检测技术及手段的技术合理性及有效性	合理有效得1.5~2分;部分合理得0.8~0.4分;无效得0分		
	6. 状态检修辅助决策支持系统应用	状态检修辅助决策系统的建设及应用效果		合理有效得0.8~1分;部分合理得0.5~0.7分;无效得0分		

续表

评估项目	分项名称	评价内容	评价方法	评分规则	实际得分	扣分说明
二、检修策略的正确性（20分）	1. 检修计划制订的合理性及有效性	检修计划制订的合理性	审核检修计划制定是否考虑系统运行方式、用户停电、资金、人员等因素的影响	合理得 4～5分；基本合理得 3～3.9分；不合理 0分		
		计划制订	审核检修计划的制订是否充分依据设备	有效得4～5分		
	2. 风险评估准确性	有效性	状态评价的结论，是否存在失修和过修问题	部分有效得2～3.9分；无效得 0分		
		供电可靠性	审核设备风险评估结果与设备实际运行状况对供电可靠性造成的影响	准确得0.9～1分；基本准确得0.5～0.8分；不准确得 0分		

评估项目	分项名称	评价内容	评价方法	评分规则	实际得分	扣分说明
		社会影响	审核设备风险评估结果与设备实际运行状况对社会造成的影响	准确得 0.8～1分； 基本准确得0.5～0.7分； 不准确得0分		
		人身安全	审核设备风险评估结果与设备实际运行状况所造成的人身伤亡情况	准确得 1.5～2分； 基本准确得0.8～1.4分； 不准确得0分		
3. 计划制定的可行性		设备损坏	审核设备风险评估结果与设备实际造成的设备损坏情况	准确得 0.9～1分 基本准确得0.5～0.8分 不准确得0分		
		检修计划完成率	统计分析该类设备所有检修项目的完成情况,找出影响因素	检修完成率大于 95% 得 3～5分； 在 80%～95% 得2～2.9分； 小于 80% 得0～1.9分		

续表

评估项目	分项名称	评价内容	评价方法	评分规则	实际得分	扣分说明
三、计划实施(10分)	1. 检修计划工时与实际工时偏差在10%以内工作项目百分比		统计分析检修项目计划工时与实际工时的偏差不大于10%的项目数占总检修项目数的比例	大于90%得1～2分;在80%～90%得0.5～0.9分;小于80%得0～0.4分。		
	2. 工作计划完成率		统计分析该类设备检修项目的实际完成比例	大于95%得2～3分;在80%～90%得1～1.9分;小于80%得0～0.9分		
	3. 重复检修的任务所占比例		统计分析该类设备因诊断错误或检修质量差造成的无效检修比例	小于3%得2～3分;3%～5%得1～1.9分;大于5%得0～0.9分		

评估项目	分项名称	评价内容	评价方法	评分规则	实际得分	扣分说明
	4. 延期工作所占检修任务的百分比		统计分析该类设备因计划不周、诊断偏差造成的检修延期比例	小于5%得1～2分； 5%～10%得0.5～0.9分； 大于10%得0～0.4分		
四、检修效果（40分）	1. 可用系数 可用系数＝（可用小时的总和/统计期间小时的总和）×100%		依据该类设备的可靠性指标变化情况，分析实施状态检修策略对设备可用系数的影响	与去年同期相比提高0.05个百分点及以上的5～7分； 基本持平得4分； 与去年同期相比降低0.05个百分点及以上得0分		
	2. 计划停运率 计划停运率＝计划停运次数的总和/统计百台年数的总和[次/（百公里年）]		依据该类设备的可靠性指标变化情况，分析实施状态检修策略对计划停运率的影响	与去年同期相比降低10%及以上的5～6分； 基本持平得4分； 与去年同期相比增长10%及以上得0分		

续表

评估项目	分项名称	评价内容	评价方法	评分规则	实际得分	扣分说明
	3. 非计划停运率 非计划停运率＝非计划停运天数的总和/统计百台年数的总总和〔次/（百公里年）〕		依据该类设备的可靠性指标变化情况,分析实施状态检修策略对非计划停运率的影响	与去年同期相比降低 5％及以上得 5～6分； 基本持平得4分； 与去年同期相比增长 5％及以上得 0 分		
	4. 强迫停运率 强迫停运率＝强迫停运次数的总和/统计百台年数的总和〔次/（百公里年）〕		依据该类设备可靠性指标变化情况,分析实施状态检修策略对设备强迫停运率的影响	与去年同期相比降低 5％及以上的 5～7分； 基本持平得5分； 与去年同期相比增长 5％及以上得 0 分		
	5. 跳闸率 跳闸率＝跳闸次数的总和/统计百公里年数的总和〔次/（百台年）〕		依据该类设备可靠性指标变化情况,分析实施状态检修策略对设备故障率的影响	与去年同期相比降低 10％及以上得 5～7分； 基本持平得4分； 与去年同期相比增长 10％及以上得 0 分		

评估项目	分项名称	评价内容	评价方法	评分规则	实际得分	扣分说明
		6.缺陷率 缺陷率＝缺陷总数的总和/统计百公里里年数的总和 [次/(百公里年)]	依据该类设备年度缺陷统计数据,分析实施状态检修策略对设备缺陷发生率的影响	与去年同期相比降低10%及以上得5～7分; 基本持平得4分; 与去年同期相比增长10%及以上得0分		
五、检修效益(10分)	1.维修费用/总产值		统计分析该类设备检修费用(包括材料费、修理费(含大修))占企业销售总收入的比	小于2%得1.6～2分; 3%～4%得1～1.5分; 大于5%得0分		
	2.维修费用/年度生产费用		统计分析该类设备检修费用(包括材料费、修理费(含大修))占企业年度生产费用的比	小于10%得1.6～2分; 10%～15%得1～1.5分; 大于15%得0分		

续表

评估项目	分项名称	评价内容	评价方法	评分规则	实际得分	扣分说明
	3. 检修成本/资产原值		统计分析该类设备检修费用(包括材料费、修理费(含大修))占该类设备固定资产原值的比	小于 10% 得1.6～2分;10%～15% 得1～1.5分;大于 15% 得0分		
	4. 社会效益		统计分析该类设备故障或缺陷对停电,限电次数的影响	与去年同期相比增加5%及以上的1.6～2分;基本持平得1.5分;与去年同期相比减少5%及以上得0分		
	5. 经济效益		统计分析该类设备故障或缺陷对社会供电量的影响	与去年同期相比增加5%及以上的1.6～2分;基本持平得1.5分;与去年同期相比减少5%及以上得0分		
合　　计						

第五章 输电线路状态检修安全管理

第一节 输电线路安全管理模式

1. 加强安全分析,增加班组成员安全意识

安全生产是电力生产永恒的主题,为了确保电力线路的安全运行,应认真搞好安全活动,学习各级《安全通报》,针对一些典型故障、事故,结合实际工作进行分析,学习安全生产的有关规定,上级的安全工作批示,深化大家的安全意识,树立常备不懈的安全思想。为了确保线路的安全,应持之以恒地抓好每月一次的运行分析会,在会上,由每个专责汇报专责段发生的缺陷,然后,一起讨论缺陷发生的规律和应采取的预防措施。

2. 加强考核,确保巡视到位

由于人人都有惰性,对于偏僻的地方或很少有人家及个别高山上的杆塔,有的巡视人员往往巡视不到杆位,为了杜绝因

巡视不到杆位而造成事故的发生,应在安排巡视的时间内,要求专责人合理安排好巡视日期汇报表,交班组掌握,根据巡视时间,在生技股挂牌考核的力度下,实行加挂考核牌的考核办法。挂牌考核的同时,还要求在杆塔上填写巡视日期,如果未写,视作未到位进行处理。巡视完毕后,缺陷记录交给班长审核,或拿缺陷记录与现场核对进行考核,杜绝因巡视不到位而引发的各种事故。

3. 加强缺陷管理,把好消缺、检修质量关

在专责每月的巡视中,要求专责将缺陷记在巡视本中,一般缺陷在月报中向生技部报告件数,重大和紧急缺陷要立即向班长汇报,整条、整段巡视完后把该线路的缺陷填写在缺陷传递表上,一式两份,一份自存,一份交班长,班长审查缺陷是否正确,并登记缺陷记录本,然后将缺陷表上报生技股专责,由专责人根据缺陷类别,分别列入维护、检修工作计划,签署意见,交给检修公司。缺陷处理后,由生技部专责审阅后交给班长,顺次交给专责巡视人,对照检查是否合格,确认无问题后签字交给班长,在记录本上注销该缺陷,有力地保证了设备的完好率。

4. 搞好线路的事故预防,确保线路安全运行

线路投运后,虽然不断的巡视检查、检修,但仍然时而发生各种事故,应根据季节性特点,做到防患于未然,避免事故的发生,保证线路安全可靠的运行。

(1)搞好线路的防污工作

根据历年来线路发生污闪的时期和绝缘子的等值盐密测量结果,确定了污秽期和污秽等级,在污秽季节到来之前,定期用干布、湿布或蘸汽油的布将绝缘子逐基杆塔擦干净,或者报生技部门要带电班带电冲洗绝缘子或更换不良绝缘子,确保线路不发生污闪事故。

(2)搞好线路的防冻工作

由于线路的走向一般都避开了重覆冰区,但是也有线路在水库、湖泊、江河等水源充沛的地段附近,天气寒冷时,由于湿度高,大量水气凝聚在导线表面造成覆冰。针对这一现象,采用电流溶解法,即加大负荷电流和人为短路的方式加热导线除冰,防止因覆冰而造成倒杆、断线事故。

(3)搞好防洪工作

洪水冲击可以造成杆塔的基础破坏,导致杆塔歪斜、倾倒、甚至随洪水而来的高大物件可以挂碰导线,引起混线、断线等

重大事故,因此,在汛期到来之前,需对江边的高塔基础、河岸进行检查,对长期淹没在水中的拉线基础进行检查;对有可能被水浸淹的杆塔进行检查,对可能造成杆塔基础滑坡的地方进行检查,在洪水到来时,对跨越江河的导线进行检查,且检查过江高、矮塔是否有渗水现象,确保线路的安全度汛。

(4)做好防暑工作

夏季,气温升高,雨水较多,此时也是高峰负荷出现的季节,又是树木、竹笋生长季节,对于竹笋,可以采取周期循环性检查,保证周到位一次,重点地方二至三次,每次派不同的专责去砍伐,防止"漏网之鱼"而造成事故,对于树木,在专责巡视中能处理的要求专责马上处理掉,而风偏树竹则报告上级,视轻重缓急进行合理安排进行砍伐,对于难点树木的户主,尽量上门做工作。

(5)搞好防止鸟害工作

春季,鸟类开始在杆塔上筑巢产卵孵化,尤其是乌鸦、喜鹊,它们嘴里叼着树枝、柴草、铁丝,在线路上空往返飞行,当铁丝等落在导线间或搭在横担和导线之间,就会造成事故,可以增加巡视次数,随时摘除鸟巢或在杆塔上部挂镜子或玻璃,用来惊鸟,防止事故的发生。

（6）做好防止外力破坏工作

外力破坏电力线路引起的故障越来越多，应向沿线居民宣传《电力法》和《电力设施保护条例》，使农民自觉维护电力线路器材，对于在线路附近有施工基建时，告知通过线路下边的允许高度，一般不超过 4 米；对于杆塔和拉线基础距行车道路较近时，就在附近埋设护桩；春季加强巡视，制止在线路两侧 300 米之内放风筝；对于线路跨越有鱼塘的地方，立警示牌，告之电力线路下，禁止钓鱼；对于杆塔螺栓采用防盗型，防止他人盗取杆塔构件而造成事故。

第二节　输电线路巡视、检修工作现场安全要求

1. 线路巡视及注意事项：

（1）对所辖线路每月进行一次定期巡视，按工作任务单进行，必须巡视到位，认真检查线路各部件运行情况，发现问题及时汇报。及时填写巡视记录及缺陷记录，发现重大、紧急缺陷时立即上报有关人员。

（2）根据气候剧烈变化、线路满载及过负荷等情况，及时对线路进行特殊巡视。

（3）巡视线路时必须穿绝缘鞋，不准攀杆塔。

（4）巡视线路时还要查看线路沿线情况，防护区内有无树木，建筑物及其他障碍物等。

（5）线路巡视的要求：

- 巡线工作由岗位技能考试合格的人员担任。

- 线路巡视中无论线路是否停电，均视为带电线路。

- 巡视时，应穿绝缘鞋，单人巡视，禁止攀登杆塔。

- 巡视时要注意狗咬、粪坑等安全问题，不要长时间地在干枯的河道内行走。

- 过往公路时，应注意来往车辆，并遵守交通法规。

- 根据季节变化和区域特征，巡视人员还应携带防暑药品和蛇药。

- 山区巡视时要注意蛇咬、扎脚、上路湿滑等安全问题，不要长时间地在山谷或山涧中行走；注意防火。

- 巡线中遇有大风时，应在上风侧沿线行走，以防断线倒杆危及巡视人员的安全。

- 雷雨天气，巡视人员应避开杆塔、导线和高大树木下方，应远离线路或暂停巡视，以保证巡视人员人身安全。

- 如遇洪水（河水）堵截，人员和车辆应绕行，经完好的桥梁过河。由于水库泄洪和河道上游下大暴雨,河道下游随时有发大水的可能,对此,巡视人员和司机要十分注意。

·巡视人员必须带好随身工具。对被盗线夹的拉线,巡视人员必须仔细观察后方可采取临时措施,防止拽拉线时误碰导线。

(6)故障巡视要求:听从工作负责人指挥,到现场后要核对线路名、杆号、色标。巡视时应始终认为线路带电,不能攀登杆塔,找出事故点后,立即报告有关人员,尽快处理使线路及用时恢复送电。

(7)夜间巡视的要求:巡视过程中必须沿线路外则进行,遇大风时沿线路上风侧前进。

2. 线路检修及其注意事项

(1)在检修线路时,必须提前一天向调度室提出停电申请,并填写好检修申请票,同时填写好电力线路第一种工作票,并经工作票签发人签发,杜绝无票工作。

(2)接到调度室许可工作命令后,方可开始工作。

(3)进入工作现场,必须穿工作服、绝缘鞋,戴安全帽,穿戴劳动防护用品不全者,不准进入工作现场。

(4)进入工作现场,必须对线路进行验电,验明确无电后,按工作票注明的杆塔在工作地段两端进行挂接地线,接地线挂好后方可开始工作。

(5)检修时地面设监护人,登杆前必须检查电杆及登杆工具,核对线路名称、杆号,杆塔上工作时,必须使用安全带及辅助安全绳,安全带必须系在牢固的构件上,移动转位时,不得失去安全带保护。

(6)上下传递物品,工具等要用绳索传递不准抛掷。

(7)如遇特殊天气雷电、大风时工作负责人必须向工作人员下令暂停工作,待正常后再开始工作。

(8)检修完毕后,工作负责人必须对检修设备进行检查,清点工作人员,拆除接地线确认无误后,方可撤离现场,向调度室交完工令。

(9)带电拆除鸟窝时,必须使用绝缘杆,设专人监护。

(10)紧急事故处理,可不填写工作票,但必须履行工作许可手续,做好可靠的安全措施,事后必须补办工作票手续。

参考文献

[1] 国家电网公司生产技术部.电网设备状态检修工作标准汇编.北京:中国电力出版社,2012年1月

[2] 陈安伟.输变电设备状态检修.北京:中国电力出版社,2012年8月

[3] 国家电网公司运维检修部.电网设备状态检修技术应用典型案例.北京:中国电力出版社,2014年12月